Sinnesphysiologische und psychologische Untersuchungen an Musteliden

Inaugural-Dissertation
zur Erlangung der Doktorwürde

genehmigt von der Philosophischen Fakultät
der Friedrich-Wilhelms-Universität zu Berlin

von Detlev Müller
aus Berlin

Tag der Promotion: 30. Juli 1930
Tag der mündlichen Prüfung: 6. Februar 1930

1 9 3 0

Referenten: Privatdozent Dr. Herter

Prof. Dr. Hesse

ISBN 978-3-662-40577-2 ISBN 978-3-662-41055-4 (eBook)
DOI 10.1007/978-3-662-41055-4

Sonderabdruck aus der
„Zeitschrift für vergleichende Physiologie", Band 12, Heft 2

I. Allgemeines.
A. Einleitung.

Im Sommer 1927 faßte ich den Entschluß, in ähnlicher Weise wie es MATHILDE HERTZ (7, 8) an gefangenen Rabenvögeln getan hatte, tierpsychologische Studien an der in dieser Hinsicht noch fast völlig unbekannten Gruppe der Marderartigen zu machen. Die unmittelbare Anregung zu derartigen Untersuchungen gab im Verein mit den damals gerade erschienenen ersten HERTzschen Arbeiten ein tierpsychologisches Kolleg des Herrn Dr. HERTER, Privatdozenten in Berlin, der auch während der Gesamtzeit meiner Versuche mir mit Rat und Tat freundlich zur Seite stand und durch manchen wertvollen Hinweis die Arbeit förderte.

Herr Geheimrat HECK, Direktor des Berliner Zoologischen Gartens, hat mir in liebenswürdigstem Entgegenkommen ermöglicht, meine Untersuchungen dort vorzunehmen. Ein neu gekaufter junger *Steinmarder* wurde in einem für mich an einer dem Publikum nicht zugänglichen Stelle gebauten, geräumigen Käfig untergebracht. Dieser lehnte sich im Norden an die Hinterfront eines Tribünengebäudes, wurde im Westen von einer 1 m entfernten Mauer desselben Gebäudes geschützt und war nach Süden und Osten frei. Er bestand ganz aus engmaschigem Drahtgeflecht, das über Latten gespannt und etwa 50 cm in den Erdboden eingelassen war, eine Vorsichtsmaßregel, die sich als sehr notwendig herausstellte.

Die *Maße des Käfigs* waren wie folgt: 2,4 m Höhe über dem Erdboden, 3,10 m Länge, 1,70 m Breite. Im Innern war etwa 70 cm von der nach Osten gerichteten Schmalseite eine Zwischenwand aus Drahtgeflecht parallel zu dieser gezogen und dadurch ein Vorraum geschaffen, der einen ungehinderten Zutritt zu dem Tier ermöglichte. Die beiden Türen waren 50 und 70 cm breit und je etwa 1,20 m hoch. In der Nordwestecke des Käfigs war unterhalb der Decke ein geräumiger Schlupfkasten angebracht, zu dem ein Ast eines in der Mitte des Käfigs stehenden Kletterbaumes führte. Der Boden des Käfigs bestand aus märkischem Sand mit zahlreichen Ziegel- und Granitbrocken.

Auch das *Futter* wurde mir kostenlos von der Leitung des Zoologischen Gartens zur Verfügung gestellt. Ich fütterte den Steinmarder zunächst mit kleingeschnittenen Stücken Pferdefleisch und mit Mahlfleisch, das mit gekochtem Ei und einem von der I.G.Farbenindustrie-A.G. hergestellten Vitaminpräparat, Vigantol, vermengt war. Dazu brachte ich ab und zu ein rohes Ei, Datteln, Trauben, eingeweichte Semmeln, frischgeschossene Sperlinge und dergleichen mit, alles Dinge, die sehr gern angenommen wurden. Zweimal erhielt er auch zu Beobachtungszwecken je ein lebendes Huhn (siehe unten).

So war der Gesundheitszustand des Tieres von Anfang an vortrefflich, der Haarwechsel, der übrigens erst im November beendet war, verlief normal und selbst die Kälteperiode Januar/Februar 1929 wurde — bei Temperaturen von —20 bis —30° C — ausgezeichnet überstanden.

Auch ein *Iltisrüde*, der als Nachfolger des Steinmarders den Käfig bezog, hielt sich trotz weniger abwechslungsreichen Futters bis zur Beendigung meiner Versuche (Dezember 1929) sehr gut.

Die beigegebenen Photographien sind mit gütiger Genehmigung der Direktion von der Photographin des Berliner Zoologischen Gartens, Fräulein ELFRIEDE SCHNEIDER, angefertigt worden. Ihrer mühevollen, infolge der großen Beweglichkeit, namentlich des Steinmarders, besonders schwierigen Arbeit gedenke ich hier mit aufrichtiger Dankbarkeit.

B. Steinmarder (Mustela foina Erxl.).
I. Allgemeines Verhalten.
a) Zähmung.

Am 16. VI. traf der Steinmarder, ein junges Männchen, für mich im Zoologischen Garten ein.

Da die Setzzeit der Marder im allgemeinen Ende April liegt, war er schätzungsweise $1\frac{1}{2}$—2 Monate alt. Das Tier hatte die lange Fahrt von Köln nach Berlin gut überstanden, nahm gleich etwas Ei und Sperling an und wurde am Abend in den Käfig überführt. Es war zahm insoweit, als es sich anfassen ließ, ohne sich zur Wehr zu setzen, nahm aber, im Käfig freigelassen, sofort die mit Heu gefüllte Kiste an und verließ sie an diesem und in den nächsten Tagen in meiner Gegenwart freiwillig überhaupt nicht. Es lag also, wenn man schon von Zahmheit sprechen will, eine Form vor, die man mit „*Angstzahmheit*" bezeichnen könnte.

Gerade bei Jungtieren ist dieses Verhalten dem Menschen gegenüber ja ungemein häufig: Junge Hasen, Rehe, Kleinraubtiere setzen sich in der Regel nicht zur Wehr, versuchen sehr häufig nicht einmal zu fliehen und sind doch nicht eigentlich zahm. Ihre Generalreaktion auf alles Unbekannte ist das Sich-Drücken. Bleibt das ohne Erfolg, so folgt bei manchen Tieren noch eine besondere „Wehrlosigkeitsbekundung", z. B. bei manchen Affen (PFUNGST, mündliche Mitteilung); bei anderen ein äußerlich völlig apathisch scheinendes Verhalten, das bis zu sogenanntem Totstellen — besser gesagt „Angstlähmung" — führen kann.

Ich bemühte mich nun, diese Angstzahmheit in eine *Futterzahmheit* (eine Bezeichnung, die ich der HEINROTHschen Terminologie entnehme, 4) umzuwandeln, die im Hinblick auf die beabsichtigten Dressuren günstigste Form für ein ungesellig lebendes Tier. Das war recht einfach zu bewerkstelligen: Ich nahm den Marder zum Füttern aus seinem Schlupfkasten heraus, setzte ihn auf meinen Arm und ließ ihn *nur* dort seine Mahlzeit einnehmen. Nachdem ich das einen Monat fortgesetzt hatte, war seine Zahmheit vollkommen. Er kam freiwillig auf meinen Arm, kletterte an mir herum, untersuchte meine Taschen und erwartete mich regelmäßig am Gitter.

b) *Lautäußerungen.*

„Foina" (*F.*) hatte drei Lautäußerungen: Ein eigenartiges *Murmeln*, das mir Ausdruck einer gewissen Ungeduld zu sein schien. Andere (19) meinen, es sei der Ausdruck für Vergnüglichkeit, Behagen, Zufriedenheit. Hermeline haben das auch, bei meinem Iltis hörte ich es nie; im „Brehm" wird es aber auch für diese Tierart angegeben. Eindeutig waren die beiden anderen Lautäußerungen: Wenn ich fortging, hörte ich stets ein helles, wie der Bettelton mancher Jungvögel klingendes *Zirpen*, das mit dem erwähnten, in diesem Falle etwas abgeänderten Murmeln abwechselte. Dieses Zirpen bedeutet ganz zweifellos „Sehnsucht", ist den ja gesellig lebenden Jungmardern eigentümlich und verliert sich, wie ich glauben möchte, unter normalen Verhältnissen mit dem Selbständigwerden. Daß *F.* ihn beibehielt, auch als er völlig ausgewachsen war, ist nicht weiter erstaunlich, da ja jung gefangene Tiere oft in mancher Beziehung mehr oder weniger infantil bleiben. Der dritte Ton war das sogenannte „*Kreischen*" der Marder, ich sage lieber *Wutschrei*. Als ich ihn das erste Mal hörte, war ich so erschrocken, daß ich ziemlich beschleunigt den Käfig verließ — ein Beispiel für die *Schreckfunktion*, die dieser Laut hat. Daß dem auch im Freien so ist, geht übrigens auch daraus hervor, daß dieser Wutschrei von Mardern immer nur im Kampfe mit ihresgleichen oder aber mit überlegenen Gegnern ausgestoßen wird; das sind also *die* Fälle, wo die natürlichen Waffen nicht von vornherein physische Überlegenheit gewährleisten und es kommt dann das psychisch wirksame „akustische Kampfmittel" hinzu.

c) *Sammeln.*

Fast alle Säugetiere mit ständig oder doch längere Zeit hindurch regelmäßig bezogenem Schlupfwinkel neigen zum Eintragen von Vorräten; auch von den Mardern ist dieses Sammeln von Beuteresten seit langem bekannt. Neu war mir, daß dieser Sammeltrieb sich auch auf biologisch bedeutungslose Dinge wie Steine, Holzstückchen, meinen Siegelring, ein Porzellanei, Handschuhe und dergleichen erstreckte. Vor allem aber wurde, wenn ich es dem Tier erlaubte, jedes einzelne ihm gereichte

Fleischstückchen stets *sofort* in die Kiste getragen und, außer bei sehr großem Hunger, mit diesem Einsammeln fortgefahren bis der Vorrat, den ich ihm reichte, erschöpft war; dann erst machte sich F. ans Fressen. Übrigens fraß er auch bei großem Hunger immer nur ein bis zwei von den talergroßen Stücken, um dann das eben geschilderte Sammeln aufzunehmen. Dieser starke Sammeltrieb wurde mir in der Folgezeit für meine Versuche sehr wertvoll.

d) Beuteerwerb.

Wie wenig biologisch wichtiges Verhalten, wie zum Beispiel Lokomotionsarten und Beuteerwerb, von einem Lernen durch Nachahmung abhängig sind, hat HEINROTH an vielen Vogelarten (u. a. Mauersegler, Habicht, 5) nachgewiesen und KAFKA (11) psychologisch begründet. So auch bei F.: Das unten ausführlich geschilderte Verhalten einer lebenden Hausmaus gegenüber fällt in eine Zeit, zu der F. erst etwa halb erwachsen war; einige Monate später gab ich ihm ein lebendes junges Huhn, das fast in demselben Moment, da es den Boden berührte, von hinten ergriffen und durch Kopfbiß getötet wurde; eine Wiederholung dieses Versuches einige Wochen darauf hatte das gleiche Ergebnis.

e) Sinne.

Aus der Beobachtung zweier Monate hatte sich ganz von selbst die „*biologische Rangfolge*" der Sinnesorgane ergeben: Geruch, Gehör, Gesicht. Diese Prävalenz des Geruchsinnes war mir nicht überraschend; bei der Beobachtung eines Katers auf Mäusejagd in einem verschlossenen, leeren Zimmer, war mir die überwiegend olfaktorische Orientierung auf Kosten der optischen sehr aufgefallen. Die Maus saß mitunter keine 50 cm vor der Katze, die mit stark gesenktem Kopf laut schnüffelnd die Spur verfolgte, und zwar bei Dämmerlicht. Wenn auch die Katze bis dahin Mäuse nicht kennen gelernt hatte, so war doch bezeichnend, daß sie das Neue zunächst olfaktorisch untersuchte. Ebenso bei F. *Geruchswahrnehmungen* wirken beim Marder bestimmend mit beim Beuteerwerb [1], beim Erkennen und Wiedererkennen.

Hierfür ein Beispiel: Eine lebende Hausmaus wird in den Innenkäfig gesetzt. F. wird aufmerksam, und zwar zunächst auf Grund von Schallwahrnehmungen, und macht sich an die Verfolgung. Die Maus flüchtet in einen in der hinteren Ecke gelegenenen Heuhaufen, der Marder folgt nach einiger Zeit. Als sie weiter läuft, geht er ein kurzes Stück nach. Bei der Verfolgung kommt es öfter vor, daß die Maus wenige Zentimeter vor seiner Nase sitzt, ohne daß er sie entdeckt, da sein ganzes Suchen olfaktorisch ist und er vermutlich mit dem Winde kommt, also von der Maus selbst keine Witterung hat. Bald aber kehrt er zu dem Heuhaufen zurück und verbleibt dort, ohne sich um die Maus selbst zu kümmern; er sucht

---

[1] Daß in optisch *sehr* deutlichen und wirksamen Situationen optische Orientierung ausreicht, ist wohl selbstverständlich.

jedoch in stärkster Erregung, hörbar schnüffelnd dort weiter, bis es der Maus gelingt, durch eine Käfigmasche zu entkommen.

Die Schwierigkeit, die Bedeutung einer *Demonstrativgebärde* zu erkennen, beruht zwar sicher nicht allein auf der geringen Entwicklung des Sehvermögens; immerhin mag eine Beobachtung dieser Erscheinung hier mitgeteilt werden.

Wollte ich mein Tier an einer bestimmten Stelle des Käfigs haben, ohne es anzufassen und hinzutragen, oder wollte ich seine Aufmerksamkeit auf einen bestimmten Ort, eine Versuchsanordnung oder dergleichen lenken, so machte ich oft rein impulsiv mit meiner Hand deutlich hinweisende Gebärden. Der Marder sah dann, durch die Bewegung und Hellfarbigkeit aufmerksam gemacht, auf meine *Hand*. Dadurch, daß ich nun die Hand langsam zu dem gewünschten Punkte hinführte, war es meist möglich, ihn dort hinzubringen. Später gelang es sogar, ihn zu veranlassen, in den Vorraum zu gehen, dadurch, daß ich im Innenraum stehend meinen Arm hob und nach der Vorraumtür wies. Es schien mir nun zunächst, als habe er die Bedeutung der zeigenden Gebärde erlernt, doch erkannte ich bald, daß das nicht der Fall war. Er reagierte nämlich nur in diesem einzigen Falle; zeigte ich auf eine andere Stelle, so begab sich *F*. nicht etwa dorthin, sondern blieb sitzen, lief in anderer Richtung oder wieder auf seinen Vorraum zu. Er hatte also nur gelernt, den in bestimmter Weise gehobenen Arm zu verknüpfen mit „Es ist etwas los im Vorraum". Bekanntlich lernen die — besser sehenden — Hunde den Sinn einer hinweisenden Armbewegung im allgemeinen sehr rasch. Ich kannte aber auch einen etwa achtjährigen Wolfshund, der fast regelmäßig auf eine solche Bewegung hin in der falschen Richtung losgaloppierte, auch wenn offensichtlich keine dem Menschen verborgene Geruchswirkung von anderer Seite her eine Ablenkung verursachte. Dabei sah der Hund ungemein scharf.

Für beide Tiere fehlte also das spezifische Richtungsmoment in dem erhobenen Arm, und dieser bedeutete nur ein Signal für erhöhte Aufmerksamkeit, ein Signal, das beim Marder dann *Signalreiz für eine bestimmte* Situation wurde. Diese Auffassung wurde mir auch von Herrn Dr. PFUNGST, dem ich an dieser Stelle herzlich danke, bestätigt.

II. Versuche.

a) *Öffnen einer Schiebetür*.

Die anfänglich ausgesprochene Tendenz des Marders, nach dem Füttern möglichst rasch in seine Kiste zurückzukehren, bot eine recht bequeme Möglichkeit zum Experimentieren. Sein Schlupfkasten war durch eine horizontal zu verschiebende Tür verschließbar, und zwar ließ sich diese Tür zunächst nur in Richtung auf die Nordwand, also nach rechts bewegen. Ich benutzte nun den Augenblick, in dem der Marder auf meinem Arme sitzend fraß, um rasch und unbemerkt von dem Tier die etwas klemmende Tür zuzuschieben. Dann ließ ich ihn auf den zum Schlupfkasten führenden Ast übersteigen (zum Springen war er damals noch nicht fähig). Mit großer Schnelligkeit lief er den Stamm entlang bis zu dem Eingang seines Kastens, den er verschlossen fand. Hier stutzte er kaum einen Augenblick und begann dann zunächst an der Schiebetür wahllos zu kratzen. Sehr bald aber entwickelte sich ein Bemühen, mit den Krallen in den linken 3 mm breiten Vertikalspalt zwischen der nicht ganz anliegenden Schiebetür und der abschließenden Leiste einzudringen und die Schiebetür nach rechts (= wandwärts) beiseite zu drängen. Als ihm das nicht gelang und er wieder wahllos zu kratzen begann, öffnete ich die Tür soweit, daß der 3 mm breite Spalt auf 1 cm etwa vergrößert wurde; als er, nun wieder richtig einsetzend, mit der etwas schwer verschiebbaren Tür immer noch nicht zustande kam, öffnete ich noch 1 cm weiter, wodurch jedoch noch nicht das eigentliche Schlupfloch sichtbar wurde, sondern nur der ihm benachbarte Teil der Kistenwandung. Einige Heuhalme, die beim Schließen des Schiebers eingeklemmt wurden und nach außen hervorragten, werden aber wohl als ,,Hilfe" gewirkt haben. Nachdem nämlich der Spalt auf etwa 2 cm erweitert war, begann das Tier mit erneutem Eifer zu arbeiten und nun gelang es ihm, die Tür soweit beiseite zu schieben, daß es einschlüpfen konnte.

Ein zweiter, unmittelbar darauf angestellter Versuch verlief folgendermaßen: Der Marder eilte wieder rasch bis an die Tür, stutzte kaum und begann sogleich sinngemäß zu arbeiten. Da er nicht gleich mit dem Öffnen der Tür zustande kam, wurde diese vom Beobachter wieder etwas verschoben; nun gelang dem Tier das Beiseiteschieben ohne weiteres. Bei einem dritten Versuch, für den die Tür wieder so fest wie möglich herangeschoben war, gelang ihm ohne jegliches Eingreifen von seiten des Beobachters das Öffnen.

War er in seiner Kiste und die Tür von außen geschlossen, so gelang es ihm von nun an immer, sich selbst zu befreien.

Was die psychologische Erklärung dieser noch etwas primitiven Versuche, die ja letzten Endes auf ein der Biologie der Marder gemäßes Spalterweitern hinauslaufen, betrifft, so sehen wir den Marder *anfänglich in einfachem ,,Versuch und Irrtum"-Verfahren* arbeiten, das insofern zum Ziele führt, als die einzig mögliche Bewegungsrichtung der Tür — nach rechts — rasch herausgefunden wird; sobald das der Fall ist, wird die Bedeutung des Spaltes für die Weiterarbeit richtig erkannt, die ,,Arbeitsmethode" *verbessert* und diese Verbesserung auch *beibehalten*.

b) Riegelversuche.

Um das (binnen 4 Tagen) völlig an das Öffnen des Kastens gewöhnte Tier wenigstens für die Zeit, in der der Beobachter zugegen war, zu zwingen, außerhalb seines Schlupfwinkels zu bleiben, wurde die Schiebetür in geschlossener Stellung durch einen Keil festgehalten, nachdem das Tier aus seinem Kasten herausgenommen war. Leider war beim erstenmal (22. VI.) der Keil doch nicht fest genug, so daß der Marder, vom Arm auf den Kletterbaum gelassen, doch einzudringen vermochte, da bei seinen ungemein heftigen Anstrengungen, die Tür zu öffnen, der Keil herausgefallen war. Soweit man bei den blitzschnellen Bewegungen des Tieres feststellen konnte, schien bei seinen Bemühungen der Angriffspunkt diesmal nicht lediglich an der Spalte zu liegen, sondern sich nach der anfänglichen Erfolglosigkeit *dort* auch auf den hemmenden Keil zu erstrecken. Jedenfalls fiel dieser nach einiger Zeit zu Boden und gab den Weg für das nun auch gleich einsetzende Öffnen der Tür frei. Ein zweiter Versuch am folgenden Tage zeigte unzweifelhaft, daß das Tier bei seinen Bemühungen, in das Innere des Kastens einzudringen, den störenden Keil zu beseitigen suchte. Erst nachdem ihm dieses trotz beinahe viertelstündiger Arbeit nicht gelungen war, begann es wieder in der Gegend des Spaltes zu arbeiten. Durch ein dargereichtes Stück Fleisch gelang es, das Tier für Augenblicke von seiner Arbeit abzubringen. Da es nun gewohnt war, sein Futter, jedenfalls wenn der Beobachter dabei war, im Innern seines Kastens zu fressen, lief es mit dem Fleisch im Maul sofort wieder auf seinen Kasten zu und begann ruhig in der Spaltgegend zu arbeiten. Die Erinnerung an die vergeblichen Bemühungen kurz zuvor schien aufgehoben; das zeigte sein im folgenden geschildertes Verhalten besonders klar und deutlich: Es wurde nämlich rasch sehr erregt, legte das Fleisch auf den Ast vor sich nieder und kratzte sehr heftig an der Tür. Nach etwa 10 Minuten heftigster Anstrengung nahm es das Fleisch wieder auf und lief den Kletterbaum mit dem Fleisch im Maul etwa 2 m weit schräg abwärts, *anscheinend* um es an einer anderen Stelle des Käfigs zu verzehren. Auf halbem Wege machte es wieder kehrt, lief mit dem Fleisch zur Tür zurück, kehrte dort, ohne erneut zu versuchen, wieder um und wiederholte dieses „ratlose" Hin- und Herlaufen noch sechsmal ohne Pause! Dann fiel das wieder vor der Tür abgelegte Stück Fleisch zu Boden, und nun wandte sich der Marder erneut ganz seiner Arbeit an der Tür zu. Durch eine Bewegung des bis dahin sich regungslos verhaltenden Beobachters wurde das Tier dann so stark erschreckt und abgelenkt, daß ein Weiterbeobachten nicht möglich war. Ich erinnere daran, daß F. damals erst etwa eine Woche in meinem Besitz und also noch nicht vollständig gezähmt war.

Diese Beobachtung zeigt in höchst sinnfälliger Weise das Kräftespiel zweier sich entgegenstehender Faktoren: Der eine ist der, damals noch sehr stark ausgeprägte *Bergungstrieb*, der andere die sicher klar erkannte Unmöglichkeit, diesem Trieb in der gewohnten Weise zu entsprechen (ich bediene mich absichtlich dieser etwas allgemeinen Fassung). Dieser Trieb des „Sich-Verstecken-Wollens" war so groß, daß er das für den optischen Bereich ohnehin nicht allzu hoch zu veranschlagende Erinnerungsvermögen stets nach kurzer Zeit wieder überwand.

Am anderen Tage hatte der Marder sich in einem Heuhaufen am Boden des Käfigs ein Lager gemacht. An der Tür war, wie der stellenweise fast verschwundene Anstrich erwies, offensichtlich im Laufe der

Nacht noch heftig gearbeitet worden. Nun aber hatte er gelernt, daß ein Eindringen in den Kasten nicht mehr möglich war, denn er *versuchte* nicht einmal, sich dorthin zurückzuziehen, obwohl er durch die Nähe des Beobachters erschreckt und sichtlich beunruhigt war.

Das Türöffnen wurde nun einige Zeit unterbrochen, da ich ihm zur endgültigen Zähmung seinen Zufluchtsort nehmen mußte. Als ich die Versuche Anfang Juli wieder aufnahm, war er in ganz kurzer Zeit wieder imstande, von außen wie von innen die Tür zu öffnen.

Ich hatte, um Riegelversuche anstellen zu können, die Tür etwas umbauen zu lassen, so daß sie sich jetzt nach beiden Seiten schieben ließ. Sollte sie nach links geöffnet werden, so verhinderte ein Schrägkeil weiteres Schieben nach rechts. Auf der anderen Seite diente ein um eine Achse drehbarer Riegel als Sperrvorrichtung.

Er hatte es nun immer sehr schnell heraus, ob die Tür nach rechts oder nach links geschoben werden mußte; niemals aber richtete er sich dabei nach dem Vorhandensein oder Nichtvorhandensein des für den Menschen optisch außerordentlich wirksamen Keiles, nach dem Überstehen oder Verschwinden des Riegels, sondern wandte nach wie vor seine alte *Versuch- und Irrtumsmethode* an, die ihm bei dem blitzschnellen Arbeiten an der Tür freilich ja auch rasch genug zum Erfolge half. Es lag keine Veranlassung für ihn vor, hier gewissermaßen geistigen Aufwand zu treiben, zu *lernen*, wo mechanische Bemühung schlimmstenfalls (in 50% der Fälle) einen Aufschub von 5—10 Sekunden bedeuten konnte. Wie oben gesagt, wurde auch die hemmende Funktion des Riegels nicht erkannt. Dieser Riegel als ein um eine zum größten Teil unsichtbare Achse sich bewegender Radius stellt ja auch ein mechanisch erheblich schwierigeres Prinzip als etwa ein Schieberiegel dar. Einmal nur wurde bemerkt, wie das Tier den Riegel zwischen die Zähne nahm und nach oben bewegte, aber nicht weit genug, um ein Öffnen der Tür zu ermöglichen; da also eine auch nur annähernd reine *primäre Lösung nicht in Betracht kam*, wurde mit *Dressurversuchen* begonnen, die auf eine Drehen des Riegels abzielten.

Hierbei ging ich folgendermaßen vor: In den Schlupfkasten wurde ein Stück Fleisch oder ein angeschlagenes, rohes Ei gelegt, nachdem der Eingang gründlich mit Fleisch oder Ei eingerieben war. Dann wurde die Tür geschlossen. Es wurde dadurch eine Spur gelegt, die in das Kasteninnere führte. Nun wurde der sehr leicht bewegliche Riegel vorgeschoben und ebenfalls gründlich eingerieben. Meist ließ sich sogar ein kleines Stückchen Fleisch auf dem Riegel balancieren. Der in der Regel halb gesättigte[1] Marder lief dann auf seinem Kletterbaum bis vor den Kasten-

---
[1] Es sei hier schon auf eine Schwierigkeit hingewiesen, die mir namentlich später — siehe Ortsdressuren — viel zu schaffen machte. Da ich immer nur mit „Belohnung" (in Gestalt von Futter) arbeitete, war die Zahl der Versuche be-

eingang, wo ihm der als Anreiz wirkende Geruch entgegenstieg. Er wurde dann meist aufgeregt, versuchte aber bald nicht mehr, die Tür zu öffnen und nach einiger Zeit hatte ich ihn auch soweit, daß er sich dem Riegel zuwandte. Dort nahm er dann das aufgelegte Stück Fleisch fort und fraß es, um sich dann immer wieder nach mir umzusehen, den er deutlich mit seinem Mißgeschick in Verbindung brachte. Ich ergriff ihn dann, legte seine Pfote auf den Riegel und schob mit ihr den Riegel zurück. Es handelte sich also um eine versuchte Passivdressur. Nach einiger Zeit lernte er dann, *darauf* das eigentliche *Tür*öffnen sofort zu übernehmen. Das war aber auch alles, *den Riegel drehte er nie*. Nach einigen 30 Versuchen ließ ich beim Fortgehen einmal die Schiebetür geschlossen, den Riegel unaufgezogen. Am nächsten Tage mußte ich feststellen, daß er auf dem Boden in seinem Heuhaufen geschlafen hatte; an der Tür war wieder sehr heftig gearbeitet worden. Der Riegel stand unverändert. Daraufhin brach ich diese Versuche ab mit dem Vorsatz, sie später in etwas abgeänderter, der Leistungsfähigkeit eines Marders mehr angepaßten Form wieder aufzunehmen. Leider sollte es nicht dazu kommen.

c) Kleine Umwege.

Absichtlich schreibe ich „kleine" Umwege, denn für ein so bewegliches Tier, wie es ein Marder ist, ist ein Umweg von 2 m sehr wenig. Hier hinderten mich doch die Ausmaße des ja an sich geräumigen Käfigs an weitergehenden Untersuchungen, so daß die dargestellten Umwegversuche allzu beweiskräftig nicht sind. Die Versuchsanordnung ist aus Abb. 1 zu ersehen.

Gleich beim ersten Versuch wird der Umweg richtig genommen. Die Lösung erfolgt spontan, wäre also als

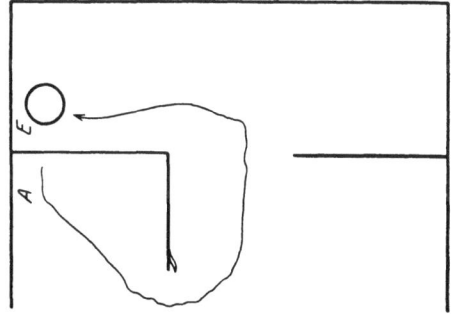

Abb. 1. Umwegversuch. A = Anfang, E = Ende des von *F.* zurückgelegten Weges.

„gut" im KÖHLERschen Sinne (14) zu bezeichnen, wenn die *Möglichkeit* eines dauernden olfaktorischen Kontaktes nicht vorhanden gewesen wäre. Verfasser glaubt an diesen dauernden Kontakt nicht aus Gründen, die sich aus dem letzten der geschilderten Versuche ergeben.

---

schränkt. *Sehr* hungrig, also in starkem Affekt, war *F.* zu Versuchen dieser Art ebenso unbrauchbar wie im entgegengesetzten Falle, wenn die Belohnung ihre Wirkung eingebüßt hatte.

Beim zweiten und drittenmal erfolgt der Ansatz richtig, es kommt aber infolge einer Störung nicht zum Ergreifen des Futters. Der Marder mußte nämlich bei diesen Versuchen, wie aus der Zeichnung hervorgeht, in den bis dahin noch selten von ihm betretenen Vorraum und benahm sich auf diesem ihm ungewohnten Gelände so ängstlich, daß die leiseste Störung genügte, um ihn zurückzuscheuchen. Beim vierten und fünftenmal erfolgt die Lösung wieder glatt. Beim sechsten Male wird der Winkel, den die Tür mit der Zwischenwand bildet, verändert, so daß der Umweg in anderer Richtung verläuft. Die Lösung bleibt gleichgut. Darauf wird (Abb. 2) nur noch ein schmaler Spalt zwischen Tür und Vorraum gelassen: Jetzt wird der Weg in den Vorraum zwar gleichgut gefunden, aber in diesen gelangt, erscheint F. desorientiert, wahrscheinlich infolge der Richtungsänderung seiner Anlaufbahn. Nach einigem Suchen findet er aber das Futter. Gerade dieses vorübergehende Versagen zeigt zumindest für diesen Versuch, daß ein olfaktorischer Kontakt nicht bestanden hat.

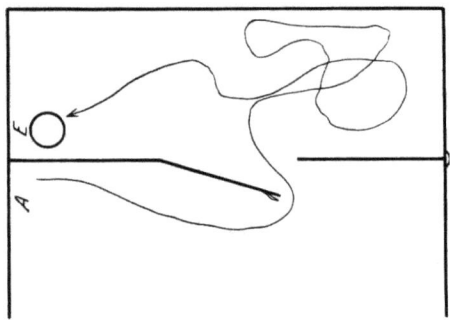

Abb. 2. Umwegversuch.

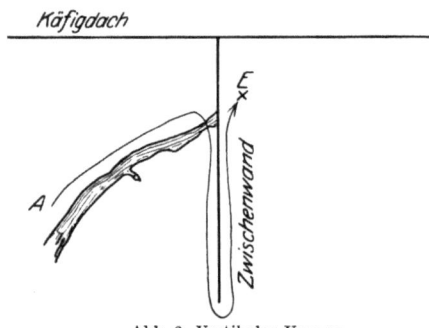

Abb. 3. Vertikaler Umweg.

Auch Umwege in vertikaler Richtung bewältigt er glatt (Abb. 3). Weiter unten werden wir sehen, daß hier ein Unterschied zwischen Marder und Iltis besteht.

Man kann wohl annehmen, daß ein Baumtier im vornherein auf Umwege jeglicher Art eingestellt ist, während ein Steppentier vermutlich derartigen Situationen nicht ohne weiteres gewachsen sein wird. Versuche etwa an Pferden wären notwendig und würden bei entsprechend langen Umwegen sicher interessante Ergebnisse haben. Wichtig wäre auch eine Untersuchung darüber, wie lang ein solcher Umweg sein darf, um primär bzw. durch Übung bewältigt zu werden. Ich erinnere an die in Vorstehendem mitgeteilte Beobachtung über Erinnerungsdauer.

d) *Versuche über optische Orientierung.*

1. Farbversuche.

Die funktionelle Wertung der an sich schwer zu vergleichenden Sinnesorgane, aus der die von mir sogenannte ,,Biologische Rangfolge'' hervorging, hatte unter den drei Fernsinnen für den Gesichtssinn die letzte Stelle ergeben. Gerade deswegen, also im Hinblick auf vermutete Primitiv- oder Rückbildungscharaktere interessierten mich die psychophysischen Leistungen des Marders auf optischem Gebiet und es war zunächst das Farbensehen, dem ich meine Aufmerksamkeit zuwandte. Ein gutes Mittel, dieses Farbsehen zu untersuchen, war durch Darbietung gefärbter Eier gegeben; $F.$ war an die Aufnahme normaler Hühnereier gewöhnt: Er ergriff sie stets von oben her mit dem Maul, wobei die Zähne oft die Schale lokal durchbrachen, wodurch dann ein festeres Halten möglich wurde. Mit dem Ei im Maul kletterte das Tier immer noch recht gut und brachte es sogar fertig, die zugeschobene Tür zu öffnen, ohne daß das Ei zu Boden fiel.

In folgendem das Protokoll des ersten Farbversuches: Vier gefärbte Hühnereier werden mit einem ungefärbten in der Reihenfolge grün, weiß, grau, blau, rot in einer Reihe auf den Boden gelegt. Der hungrige Marder wird hinzugelassen, kommt auf die Anordnung zu und wählt ohne Zögern das grüne Ei, das er im Maule wegträgt und in einer Ecke des Käfigs verzehrt. Er kehrt zurück, wählt weiß, dann blau, grau und rot. Während des ganzen Versuches stutzt er nicht einen Augenblick, obwohl er damals allem Neuen gegenüber recht mißtrauisch war. Daß, menschlich gesprochen, so fremdartige Aussehen der Eier beeinflußt sein Verhalten nicht.

Dieser Versuch, den ich in ähnlicher Weise noch häufig wiederholt habe, zeigte typisch, welch eine geringe Rolle Farben im Leben dieses Tieres spielen.

Leider konnten später versuchte Farbdressuren mit dem Marder nicht zu Ende geführt werden, da ich das Tier verlor. Der den Iltis behandelnde Teil wird genaue Untersuchungen gerade dieses Problems bringen, wobei es offen bleiben möge, ob bezüglich der Ergebnisse ein Rückschluß auf den immerhin nahe verwandten Marder zulässig ist.

2. Ortsdressuren.

Es war mir wichtig, gerade auf Grund der für Farbensehen negativ verlaufenden Vorversuche die optischen Leistungen meines Tieres einmal isoliert zu untersuchen und gleichzeitig etwas über die Lernfähigkeit und Art des Lernens bei rein optischen Orientierungsmöglichkeiten zu erfahren. Ich bediente mich hierzu der von M. Hertz ersonnenen Tonkappenmethode (9), die allerdings für meine Zwecke, da ich es ja mit einem Makrosmatiker zu tun hatte, etwas verändert werden mußte. Es handelte sich darum, eine sichere ,,Geruchsisolierung'' zu schaffen, andererseits mußte ich das Tier an die Anordnung erst einmal gewöhnen, es mit ihr vertraut machen. Und das wiederum geschah am besten gerade auf Grund von positiven, olfaktorischen Reizen. Zu diesem Zwecke ging ich folgendermaßen vor:

1. Ein Blumentopf wird verkehrt herum lose auf ein Brett gesetzt. Darunter wird ein Stück Fleisch gelegt, mit dem der Topf vorher gründlich eingerieben wurde. Der Marder läuft, zugelassen, sofort auf den Topf zu, kippt ihn um und holt das Fleisch.

2. Ein zweiter Blumentopf wird leer und uneingerieben daneben gesetzt. Nur der erste wird umgestürzt und das unter ihm verborgene Fleisch geholt.

3. Bei drei Töpfen wird ebenfalls in zwei aufeinander folgenden Versuchen richtig gewählt. Das Einreiben der Töpfe mit Fleisch erweist sich als unnötig, da der durch das Loch am Boden des Blumentopfes und durch die Ritzen zwischen Brett und oberem Topfrand dringende Geruch stark genug ist, um die olfaktorische Orientierung zu leiten.

4. Statt Fleisch wird ein Ei unter einen nicht eingeriebenen Topf gelegt, andere Töpfe daneben gestellt. Hierbei tritt die erste Fehlwahl ein; die Tatsache daß eine Wahl überhaupt *stattfand*, zeigt an, daß eine optische Orientierung der Gesamtsituation gegenüber schon besteht.

5. Bei vier Töpfen, deren einer ein Stück Fleisch deckt, wird zunächst zweimal richtig gewählt. Bei der dritten Wahl mit stark verkleinertem Köder wird zwar auch richtig gewählt; danach werden aber noch die zwei letztbenutzten Töpfe, vermutlich auf Grund des ihnen noch anhaftenden Fleischgeruches, umgestoßen. Es sieht so aus, als sei die „Belohnung" nicht groß genug. Nach einer kleinen Pause wird auch noch der bis dahin nicht benutzte, also auch nicht nach Fleisch riechende Topf umgeworfen, die olfaktorische Orientierung geht also in eine optische über.

Von diesem Versuch an werden die Töpfe nicht mehr auf ein Brett, sondern direkt auf die Erde aufgestellt und ein wenig in diese eingedrückt, so daß Riechstoffe nur durch die oben befindlichen Löcher ungehindert dringen können.

6. F. wählt auch in dieser veränderten Situation fünfmal auf Anhieb richtig; einmal gelangt er zufällig an den vorbenutzten Topf, stößt diesen um und wählt dann richtig, zweimal tritt — bei sehr verkleinertem Köder — eine Fehlwahl ein. Da er recht hungrig ist, verläuft ein Teil der Wahlen stark affektbetont.

7. Es wird nun begonnen, immer nur unter den jeweils rechts außen befindlichen Topf Fleisch zu legen. Die Gesamtzahl der Töpfe beträgt vier. In der Folge bedeutet ein + die Wahl des richtigen, ein — die Wahl eines der falschen Töpfe. Nach jedem der im Vorraum stattfindenden Versuche werden, wie das in der Regel auch schon vorher geschah, die Töpfe zyklisch oder willkürlich vertauscht. Ich bezeichne die Töpfe nach ihrer Anordnung (vgl. hierzu die Abb. 4, die die in der Gesamtsituation ähnliche Anordnung der nächsten Versuchsreihe wiedergibt) mit links außen (l. a.), halblinks (h. l.), halbrechts (h. r.) und rechts außen (r. a.).

Nachdem F. siebenmal richtig r. a. gewählt hatte, wird unter diesen Topf ein Ei gelegt, also ein, wie wir sahen, fast oder ganz geruchloses Objekt. Auch diesmal erfolgt die richtige Wahl. Bei zwei Kontrollversuchen mit leeren Töpfen wendet der Marder sich sogleich richtig nach r. a., wittert, stößt r. a. aber nicht um, sondern läuft zu den jeweils vorbenutzten Töpfen, die er untersucht. Bei weiteren Versuchen ohne Belohnung beginnt er dann wieder wahllos zu arbeiten, behält aber zunächst noch die Tendenz „rechts".

8. (12. XI.) Ei unter r. a. F. kommt, wendet sich gleich nach rechts, wittert nichts, springt nach links, wobei l. a. umfällt, kommt wieder nach rechts, stößt r. a. um und holt das Ei (— +).

9. Die Abflußlöcher der Töpfe werden mit Sand verstopft. Köder unter r. a. Das Tier ist zunächst sehr befremdet, schnüffelt r. a. beginnend die Reihe entlang bis l. a., wendet sich wieder zurück, stößt r. a. um und holt das Futter. In den beiden nächsten Versuchen wendet es sich stets wieder gleich nach r. a. (+, +, +).

10. Es werden zwei Kontrollversuche vorgenommen. Die Abflußlöcher werden wieder verstopft. Beim ersten Versuch liegt Fleisch unter h. l. und r. a.; es wird nur von r. a. geholt (+). Beim zweiten Versuch Fleisch nur unter h. l.; F. stößt r. a. um, findet nichts, sucht weiter, stößt aber nichts mehr um! (+).

Diese kleine Dressur zeigt zweierlei: Einmal wird erreicht, daß *unter anfänglicher Benutzung olfaktorischer Reize schließlich eine rein optische Orientierung zustande kommt*, trotz der starken Abneigung, die gegen den Verzicht auf das Hauptorientierungsmittel, die Nase, besteht; das zeigt besonders schön der Versuch 9. Zum anderen wird deutlich, daß die auf Ausschaltung der Geruchsorientierung abzielende Methode diese Aufgabe wirklich leistet, wie die beiden Kontrollversuche beweisen. Daß die Dressur auch am folgenden Tage noch festsitzt, zeigen die Resultate dieses Tages:

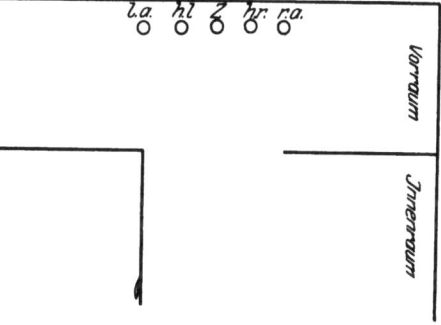

Abb. 4. Ortsdressur.

11. (13. XI.) Ohne Futter: r. a. wird umgestoßen (+). Mit Futter: +, +.

Die Bildung der Assoziation r. a. = Topf-Futter ging ungemein rasch vor sich (15 Versuche). Diese Schnelligkeit des Lernens wurde erleichtert durch die olfaktorischen Hilfen, die gegeben wurden. Dann aber auch durch die optisch ausgezeichnete Stellung, die ein Außentopf innerhalb der Reihe inne hat. Ferner mögen auch die kinästhetischen Empfindungen des Tieres dressurfördernd hinzugekommen sein (siehe unten S. 316 und 317). Ich wollte nun erfahren, wie bei Fortfall aller geruchlichen Hilfen und auch der optischen Sonderstellung des +-Topfes der Lernvorgang sich abspielen würde. Außerdem komplizierte ich die Anordnung durch Hinzunahme eines fünften Topfes, den ich mit Zentrum (Z) bezeichne; die Töpfe (siehe Abb. 4) wurden geradlinig mit einem Abstand von etwa 8 cm längs der Schmalseite des Vorraumes aufgestellt, der Eingangsöffnung des Innenraumes gegenüber. Das Ziel war eine Dressur auf den h. l.-Topf. Beiläufig sei noch bemerkt, daß ich zur Vermeidung aller Fehlerquellen durch noch vorhandene Geruchsspuren eine Serie neuer Töpfe, größer und stabiler als die vorher benutzten, verwandte. Die Abflußlöcher waren innen und außen mit Plastelin verklebt.

Im folgenden der Verlauf der Dressur in Tabellenform:

1. Versuchstag, 16. XI.	2. Versuchstag, 17. XI.	3. Versuchstag, 18. XI.
a) Futter unter h. l. *und* r. a.; r. a. wird gewählt, die alte Dressur sitzt also noch nach 3 Tagen fest. In der Tabelle erscheinen daher die auf r. a. bezüglichen Wahlen[1] besonders charakterisiert: —!.	—! +	—! +
	— +	— — — +
	— — — +	— — — — +
	+	— — +
	—! +	— — +
	— +	— — +
	— +	— — — +
b) Futter von nun an nur unter h. l.:	— +	— +
— +	— + (ohne Futter)	
—! +		
—! — — +		
—! — — +		
— +		
— — — +		

4. Versuchstag, 19. XI.	5. Versuchstag, 20. XI.	6. Versuchstag, 21. XI.
+	— +	— +
+	— +	— +
— — +	— — — +	— +
— — +	— — — +	— +
+	— +	— — +
— +	+	— — +
— +	— — +	+ (Geruchsorientierung möglich)
+ (ohne Futter)	— — + (ohne Futter)	+
		+
		+

7. Versuchstag, 23. XI.	8. Versuchstag, 26. XI.	9. Versuchstag, 27. XI.
— — +	— +	+
— — +	— — +	— +
+	— — +	+
+	+	+
+	+	+
+	— — — +	— +
+	— +	+
+	+ + } ohne Futter +	+
		— +
		— +
	10. Versuchstag, 28. XI.	
— — — — + (sehr aufgeregt, arbeitet wahllos)	+	+
+	— + (die Reihe ist seitlich um einen Topfabstand, etwa 8 cm, verschoben)	+
+		+ (die Reihe ist in die Ausgangsstellung zurückverschoben)
+		

[1] soweit sie an erster Stelle erfolgten.

Sinnesphysiologische und psychologische Untersuchungen an Musteliden. 307

11. Versuchstag, 30. XI.	12. Versuchstag, 1. XII.	13. Versuchstag, 2. XII.
— — — + (arbeitet wahllos)	— +	+
+	+	— +
— — +	+	— +
— — +	+	— +
— — +	— +	+
— — +	— + (seitlich verschoben siehe 28. XI.)	— +
— +	+	— +
— +	+	+
— +	— + (seitlich verschoben	— + (gestört)
+	— +	+
+	+	
+		
+		

14. Versuchstag, 3. XII.	15. Versuchstag, 4. XII.	16. Versuchstag, 5. XII.
— +	+	+
— +	+	— +
— +	+	+ (sehr unlustig)
+	+	+
+	+	+
+	+	+
+ (parallel verschoben)	+	+
+	+	
+ (parallel verschoben)	+	
+	+	
+ (parallel verschoben)	+	
+	+	

17. Versuchstag, 6. XII.	18. Versuchstag, 7. XII.	19. Versuchstag, 9. XII.
+	— +	— +
+	— +	— +
+	— +	+
+	+	— +
— + (Störung?)	+	— +
+	— +	— +
— + (Reihe parallel verschoben, das Tier ist zudem deutlich gestört)	— +	+
+	+	+
+	+	— +
+	+	+
+	+	— +
— + ⎱ ohne Futter + ⎰		

	20. Versuchstag, 10. XII.	
— +	+	— +
— +	— +	+
— +	+	+
— +	+	— +

20*

21. Versuchstag, 11. XII.	22. Versuchstag, 12. XII.
+	— + (noch zu hungrig, daher sehr aufgeregt)
+	+
+	+
+	+
+	+
+	+
+ (sehr satt und un- lustig, wählt erst nach längerer Pause)	+
	+
	— + (unlustig, zudem gestört).

Als Resultat dieser Versuchsreihe ergibt sich: *Der Steinmarder läßt sich darauf dressieren, von fünf in einer Reihe mit gleichen Abständen aufgestellten Töpfen einen, nur durch seine Stellung in der Reihe charakterisierten mittels optischer Orientierung herauszufinden.* Das kinästhetische Moment, das, wie die ersten Versuche mit seitlicher Verschiebung zeigen, sicherlich an dem Zustandekommen der Dressur anfänglich mitgewirkt hat, trat schließlich (3. XII.) in seiner Bedeutung hinter der des optischen zurück.

Es war nun interessant festzustellen, wie die dargebotene Situation erfaßt und gegliedert worden war, wie endlich sich die richtige Orientierung aus einer ganz bestimmten *Gliederung der aufgestellten Reihe* ergab. *Stellte ich nach Abschluß der Dressur nur zwei der benutzten Tontöpfe ohne Futter auf, so wählte der Marder den rechten, wenn die Töpfe nahe beieinander standen (8—20 cm Zwischenraum), den linken, wenn sie mit größerem Zwischenraum (30 cm und mehr) hingesetzt wurden.*

Es war für das Tier, wie ich annehme, bei letztgenannter Stellung die Reihe in toto wieder hergestellt und die Dressurerfahrung ließ ihn sich zunächst nach links wenden. Bei der anderen Anordnung erschien dagegen das linke (kritische) Ende repräsentiert, und nun wurde also von links beginnend vorgegangen und der nächste, in diesem Falle also der rechte Topf, gewählt. Bei der *Dressur selbst* war sein Vorgehen in diesem Sinne sehr deutlich zu beobachten. Nach Abklingen der vorher gegangenen Dressur auf den r. a.-Topf trat zunächst der Umschwung in das entgegengesetzte Extrem ein: *F.* wählte sehr häufig l. a. Auch als die auf Anhieb richtigen Wahlen bereits überwogen, lief das Tier oft zunächst noch auf l. a. zu und wandte sich dann erst nach rechts, wobei es häufig über den h. l.-Topf hinausschoß und zum Z-Topf gelangte. Bis auf wenige Ausnahmen betrafen alle Fehlwahlen etwa vom 3. XII. an den Z-Topf. Später wurde der Bogen nach l. a. zu immer flacher, um schließlich ganz zu verschwinden. Die ,,sinnlos gewordene Gewohnheit verlor sich'' (M. Hertz, a. a. O.), wie das ja bei derartigen Lernvorgängen geschieht.

Aus dem Gesagten geht meiner Meinung nach hervor, daß die Reihe in einen rechten Teil (h. r. + r. a.), der schon nach kurzer Zeit ausschied, und einen linken Teil, der den Z-Topf mit umfaßte, zerlegt wurde. Daß dieser Z-Topf so oft mit h. l. verwechselt wurde, erscheint verständlich, wenn man bedenkt, daß sich der weiteren Gliederung Schwierigkeiten entgegenstellten; es lag ja nicht mehr die einfache Zweiteilung in eine rechte und linke Gruppe vor, sondern diese linke Gruppe mit ihrer schwierigen Dreizahl mußte irgendwie erfaßt und gegliedert werden. Der Ecktopf war wenigstens durch seine besondere Lage von den mittleren zu unterscheiden. Beim Auseinanderhalten von h. l. und Z fiel dieses begünstigende Moment fort. Ob nun für diese, schließlich wieder auf die Zweizahl gebrachte Gruppe bzw. Untergruppe noch einmal eine Teilung in rechts und links vorgenommen wurde, oder ob der endlich als der „richtige" erkannte h. l.-Topf als „der Topf neben dem linken Ecktopf" charakterisiert erschien (9), vermag ich nicht zu sagen; auf Grund der geschilderten Nachversuche mit *zwei* Töpfen, in deren jedem gerade der

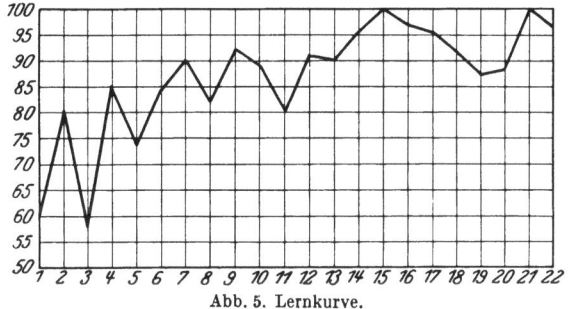
Abb. 5. Lernkurve.

l. a.-Topf (als der wesentliche) wieder „erschien", hat aber diese letzte Annahme mehr Wahrscheinlichkeit für sich.

Für die graphische Darstellung der *Lernkurve* (Abb. 5) war es nötig, nicht nur die Alternative „richtig" oder „falsch" zu bewerten, sondern auch die *Anzahl* der Fehlwahlen im Einzelversuch hineinzubeziehen.

Die richtige Wahl an dritter Stelle (= — — +) entspricht der 50%igen Wahrscheinlichkeit bei alternativer Wahl. Bewertet man eine derartige Wahl mit 3, die richtige Wahl auf Anhieb (= +) mit 5, so ergeben sich für die übrigen Möglichkeiten (— +; — — — +; — — — — +) die Zahlen 4, 2 und 1. Es mag befremden, daß auch die schlechteste Wahl (Wahl des richtigen Topfes an letzter Stelle) hier positiv bewertet wird; aber das Umkippen eines Topfes stellt immerhin eine Leistung dar, und die „Null" wäre erst bei einem Verlassen der Versuchsanordnung ohne vorausgegangenes Umkippen des richtigen Topfes — gleichviel an wievielter Stelle — angebracht. Dieser Fall trat übrigens im Verlaufe dieser Dressur, außer bei Störung, nicht ein; wohl aber erlebte ich ihn in der Folgezeit.

Setzt man die so gewonnenen Zahlen in die Versuchsergebnisse beispielsweise des 19. XI. ein, so erhält man die Reihe 5, 5, 3, 3, 5, 4, 4, 5; das bestmögliche Resultat dieses Tages wäre aber der Anzahl der Einzelversuche entsprechend $8 \times 5 = 40$, während die erreichte Zahl 34 = 85% der Höchstleistung beträgt. Dieser Wert erscheint auf der Ordinate, die Versuchstage werden auf der Abszisse aufgetragen. So erhält man eine Lernkurve, die auch den quantitativen Unterschieden der Fehlleistungen ungefähr [1] gerecht wird.

Die Lernkurve (Abb. 5) zeigt einen Verlauf, der von dem in solchen Fällen erwarteten (anfangs allmählicher, dann rascher Anstieg) abweicht. Vor allen Dingen fällt auf, daß sie einen sehr wenig stetigen Charakter zeigt; Wendepunkte sind sehr häufig. Der Hauptanstieg erfolgt bis zum 12. Versuchstage (1. XII.); 80% werden endgültig schon am 6. Tage (21. XII.) erreicht. Das starke Absinken der Kurve am 8., 11. und 19. Versuchstage (26., 30. XI. und 9. XII.) ist sicher daraus zu erklären, daß jeweils ein oder mehrere Tage Pause zwischen den Versuchstagen lagen. Im übrigen dürfte auch die starke Empfindlichkeit des Tieres Störungen gegenüber und die Schwierigkeit, den allein für die Versuche möglichen Zustand der halben Sättigung (vgl. Fußnote auf S. 301) abzupassen, schuld an dem unregelmäßigen Verlauf der Kurve sein, wie das in dem Versuchsverlauf des letzten Tages (12. XII.) besonders deutlich zum Ausdruck kommt. Die dem erwarteten Verlauf einer Lernkurve überhaupt entgegengesetzte Art des Anstieges — anfänglich schnell, später stark verlangsamt — dürfte durch den besprochenen Vorgang der Gliederung hinreichend geklärt sein. Aus dem Gesagten geht auch hervor, daß ein ständiges Verharren auf 100% am Ende der Dressur nicht zu erwarten war. Im eigentlichen Sinne „gelernt" hatte F. die Aufgabe zweifellos schon am 12. Versuchstage (1. XII.). Was folgt, waren nur noch Schwankungen innerhalb der natürlichen Fehlergrenzen, die hier aus den oben genannten Gründen allerdings ziemlich weit auseinanderliegen[2]. Im März des Jahres 1929 wurde mir mein Tier von Einbrechern gestohlen.

C. Iltis (Putorius putorius L.).

I. Allgemeines Verhalten.

Ende März 1929 wurde mir von einem Bekannten leihweise ein Iltis zur Verfügung gestellt; da gleichartiger Ersatz für meinen Marder um diese Jahreszeit nicht zu haben war, ergriff ich freudig die Gelegenheit, das Verhalten einer nahe verwandten, aber in ihrer Lebensweise recht verschiedenen Form zu studieren. Der Iltis ist bekanntlich ausgesprochen Bodentier, klettert nur unter besonderen Umständen und im Vergleich zum Marder recht ungeschickt und ist vor allem nicht fähig, selbst das

---

[1] Verfasser ist sich hierbei selbstverständlich darüber im klaren, daß die Genauigkeit einer solchen Lernkurve wegen der nicht genügend großen Anzahl der Einzelversuche eines Tages nicht zu hoch eingeschätzt werden darf. Erst bei 20 Versuchen — bei je fünf Reaktionsmöglichkeiten — wäre eine zureichende Genauigkeit vorhanden.

[2] Erst nach Beendigung der Versuche erfuhr ich, daß YERKES (18) sehr ähnliche Dressuren an Rabenvögeln und anderen Tieren gemacht hat.

Sinnesphysiologische und psychologische Untersuchungen an Musteliden. 311

kleinste Hindernis durch Springen zu überwinden. Damit ergeben sich, wie wir sehen werden, auch im Psychologischen eine Reihe wichtiger Unterschiede gegenüber dem Marder. Bezüglich der morphologischen Unterschiede (Abb. 6) sei in erster Linie auf die relative Kleinheit des äußeren Ohres, des sichtbaren Bulbusteiles und — in Abb. 6 weniger deutlich — der Nase hingewiesen.

Abb. 6.
Steinmarder.   Iltis.

a) Zähmung.

Auch der Iltis, ein mehrjähriger Rüde, war bereits zahm, als er in meine Hände geriet. Es handelte sich um einen besonders ausgeprägten Fall von *Wutzahmheit* (4), die sich in einer ständigen Angriffsbereitschaft äußerte. In kurzer Zeit war aber dann, befördert durch eine kurze Hungerkur, die gewünschte *Futterzahmheit* vorhanden, die allerdings nie so weit ging wie beim Steinmarder. Anfassen ließ sich „Ilk" (*I.*) außer beim Fressen und Klettern (wo er ziemlich wehrlos war) nicht; im übrigen aber hatte er keine Scheu vor mir, und das war es, worauf es für die Versuche ankam.

b) Ausdrucksbewegungen.

In allen seinen Bewegungen war der Iltis unvergleichlich viel langsamer als der Steinmarder.

Das hatte für mich *einen* großen Vorteil: Mit einigen Vorsichtsmaßregeln war es möglich, das Tier auch außerhalb seines Käfigs arbeiten zu lassen; das war in zwiefacher Hinsicht bedeutungsvoll, denn einmal konnte ich für meine Helligkeitsdressuren (siehe S. 321ff.) günstigere Beleuchtungsverhältnisse abpassen als sie in dem Käfig gegeben waren, zum andern aus dem gleichen Grunde bessere Photographien des Tieres erzielen. Freilich hatte ich in der Regel bei Versuchen außerhalb des Käfigs einen Wärter zur Verfügung, der aufpassen half, daß das Tier sich nicht zu weit von seinem Käfig entfernte und eins der zahlreichen Verstecke, die sich in Gestalt von Mauerlöchern, Ritzen und dergleichen überall befanden, aufsuchte. Ich danke Herrn Dr. LUTZ HECK, der meinen diesbezüglichen Wünschen stets in entgegenkommendster Weise entsprach, an dieser Stelle noch einmal herzlich; auch die Wärter MEES, SCHWARZ, WENDT und MÖSGES, die mich bei meinen Versuchen unterstützten, seien hier dankend erwähnt.

Unter den Ausdrucksbewegungen des Iltis fiel mir ein merkwürdiges „Flachwerden" auf, das er immer nur zeigte, wenn er sich ganz sicher fühlte. Er verschmolz dann förmlich mit dem Erdboden, auch der Kopf lag weit vorgestreckt diesem fest auf. Diese Stellung behielt er etwa eine viertel bis halbe Minute inne, selten länger, sprang dann auf, trollte umher und nahm dann meist nach sehr kurzer Zeit dieselbe Stellung wieder ein; das wiederholte er häufig. Es scheint mir heute so, als sei diese Stellung der Ausdruck einer gewissen behaglichen Müdigkeit; eine Vorsichtsmaßnahme, ein „Sich-Hinducken", um übersehen zu werden, wie ich anfangs dachte, ist sie wohl sicher nicht — dazu lag in den Augenblicken, in denen ich sie sah, meines Erachtens für das Tier keine Veranlassung vor. *I.* war ja auch ganz und gar nicht ängstlich, wie alle sich chemisch schützenden Tiere (Skunk!).

Nur einmal erlebte ich übrigens eine Entleerung der Stinkdrüsen; es geschah dies, als es *I.* doch einmal gelungen war, eines der nahegelegenen Verstecke zu erreichen, und er mit einem Netze wieder gefangen werden mußte. Als er sich wehrlos in den Maschen des Netzes fühlte, entleerte er sein Stinksekret. Ich halte es für möglich, daß letzten Endes der durch die Maschen des Netzes bewirkte allseitige *Berührungsreiz* im Verein mit der deutlich gewordenen Nutzlosigkeit der erstangewandten Abwehrmittel (Fauchen, Beißen, Wutschrei, Kratzen, Strampeln) zur Auslösung dieser letzten Abwehrreaktion Anlaß gab.

Oft sah ich den Iltis Männchen machen, auch in freier Wildbahn beobachtete ich das gleiche. Es dient natürlich der besseren Orientierung, geschieht aber wohl kaum, um einen *Überblick* zu gewinnen, sondern um zu wittern, was deutlich an der heftigen Bewegung der Nase zu erkennen ist. Die Gesichtswahrnehmungen scheinen noch schlechter als beim Marder; verhielt ich mich regungslos, so wurde ich, wenn nicht der Wind von mir auf den Iltis zu wehte, auf 4 m Entfernung mitunter nicht erkannt, obwohl ich ungedeckt stand.

Von *Lautäußerungen* habe ich nur ein hohes Fauchen und den Wutschrei, der kürzer und rauher klingt als der des Steinmarders, gehört.

c) Sammeln.

Schon von älteren Autoren wird ausführlich geschildert, daß der Iltis eine ausgesprochene Neigung zum Anlegen von Vorräten hat. Diese war selbstverständlich auch bei *I.* vorhanden und übertraf sogar die des Steinmarders. Selbst bei größtem Hunger trug er erhaltene Fleischstücke immer erst in seinen gerade bevorzugten Schlupfwinkel und kehrte, ohne gefressen zu haben, an die Stelle, wo er sein Futter erhalten hatte [1], zurück.

Einmal versuchte er sogar, mit dem Milchnapf, den er (wie der Marder auch) bei Störungen geschickt von oben her am Rande packte und fort-

---

[1] Ich sagte „an *die* Stelle, wo er sein Futter erhalten hatte"; erst nach vielen Monaten lernte er, wenn ich inzwischen den Standort gewechselt hatte, sich gleich zu mir, von dem er ja das Fleisch erhielt, zu wenden.

trug, den Kletterbaum emporzuklettern, um ihn in seinem Schlupfkasten zu bergen.

d) Gebrauch der Vorderpfoten.

Einen auffälligen Gegensatz zum Steinmarder, der, wie oben schon angedeutet, auf einen Funktionsunterschied zurückgeht, lernte ich bei

Abb. 7. Umwerfen durch Unterschieben der Nase.

den ersten Versuchen mit der schon bekannten Topfmethode kennen. Während der Marder gleich beim ersten Male den Topf spielend mit der Pfote umstieß, versuchte der Iltis anfänglich immer, den Topf durch Unterschieben der Nase — zwischen Boden und Topfrand — zu Fall zu bringen, was meist erst nach langen Bemühungen gelang (Abb. 7). Gleichzeitig und im Zusammenhang damit versuchte er, den Topf durch Graben mit den Vorderpfoten zu unterhöhlen, ein Versuch, der oft vergeblich war.

Abb. 8. Umwerfen mit der Vorderpfote.

Erst allmählich bildete sich die Gewohnheit heraus, ihn wie der Marder durch eine Pfotenbewegung, die mit einem uns ganz überflüssig erscheinenden Kraftaufwand geschah und mich Dutzende von Töpfen kostete, zur Seite zu werfen. Immerhin hat es über 40 Versuche gebraucht, ehe der Iltis diese Technik beherrschte (Abb. 8).

Der Iltis gebraucht seine Extremitäten außer zur Fortbewegung vornehmlich zum Graben, der Marder zum Klettern, was wohl stets eine höhere Beweglichkeit und vielseitigere Verwendung bedingt (Primaten!). Gerade bei den Raubtieren finden wir von der einseitig zur Lokomotion dienenden Vorderextremität (Pinnipedia, nicht ganz so ausgesprochen: Canidae) bis zur vielseitig gebrauchten Kletterpfote (Procyonidae) viele Übergänge. Es würde sich der Mühe lohnen, einmal von diesem Gesichtspunkte aus, unter entsprechender Berücksichtigung anderer anatomischer und biologischer Merkmale, eine ganze Ordnung oder Familie tierpsychologisch durchzuuntersuchen.

e) Sinne.

Die Leistungen der Sinnesorgane standen in demselben Verhältnis zueinander wie bei *F*. Ganz allgemein kann man vielleicht sagen, daß sie *absolut* hinter denen des Marders zurückblieben — für das Seh- und Hörvermögen möchte ich das sicher glauben, ein Vergleich der Geruchsleistungen beider Arten scheint mir nicht ohne weiteres möglich. Auch dieser Unterschied hängt mit der Lebensweise beider Arten eng zusammen. Für den Iltis ist charakteristisch ein fast systematisches, beinahe könnte man vermenschlichend sagen: pedantisches Absuchen des Bodens bei langsamer Fortbewegung; der Marder bejagt auch, abgesehen von der hinzukommenden dritten Dimension, in raschen Kletterprüngen ein ungleich größeres Gebiet und ist somit auf bessere Fernsinne angewiesen. In Ernährung und Aufenthaltsort offenbaren sich ja ebenfalls diese Unterschiede.

f) Klettern.

Da mein Käfig für einen Marder eingerichtet war, hatte *I*. viel Klettergelegenheit, zumal der für ihn nach seiner ganzen Biologie unentbehrliche Schlupfkasten nur kletternd zu erreichen war; etwa am 4. Tage lernte er den Kletterbaum besteigen, etwas später die Querleiste der Gitterwand überwinden. Zu beidem brachte ich ihn unter Anwendung von Geruchsspuren (Fleischsaft) mit einem Fleischstück als Köder. Das Klettern geschah anfangs recht mühselig, oft verlor er den Halt und fiel hinunter. Nachdem ich ihn zweimal zum Kasten hingelockt hatte, suchte er ihn, mit der Zeit immer besser kletternd, regelmäßig auf; stets aber bereitete ihm beim Herabsteigen eine besonders steile Stelle des Kletterbaumes solche Schwierigkeiten, daß er, an der Biegung angekommen, sich umdrehen und mit den Hinterbeinen zuerst den Stamm hinunterrutschen mußte. *F*. nahm diese Stelle mit einem Sprunge, kopfüber.

II. Versuche.

a) Schiebetür- und Umwegversuche.

Da diese Versuche im allgemeinen ähnlich wie beim Marder verliefen, will ich hier nur kurz und unter Betonung der wenigen Verschiedenheiten darauf eingehen.

Die Schiebetür lernte *I.* in gleicher Weise öffnen wie *F.*, nur bedurfte es bedeutend längerer Zeit. Das Stehen auf dem schmalen Ast war für ihn nicht leicht und bei den heftigen Bewegungen während des Arbeitens an der Tür fiel er oft herunter, ein Umstand, der dann natürlich hemmend wirkte. Er brachte es aber schließlich, auf Grund einer auch später noch häufig beobachteten ,,Unbeirrbarkeit" zu einer gleich sicheren Bewältigung der Aufgabe.

Einfache horizontale Umwege (vgl. S. 302) bewältigte er glatt, fast noch besser und schneller als *F*. Da ich mit *I*. auch außerhalb des Käfigs arbeiten konnte, hatte ich die Möglichkeit, Umwegversuche auch größeren Maßstabes vorzunehmen, von denen einige hier geschildert seien:

1. Beide Käfigtüren werden geöffnet, aber angelehnt (das selbständige Öffnen der Türen beherrschte das Tier sehr gut). Beobachter begibt sich, während der Iltis im Kasten ist, an die den Vorraum begrenzende Schmalseite des Käfigs, außen, und pfeift das Tier heran (der Iltis war auf einen *Lockpfiff* dressiert). *I*. läuft rasch zur Innentür, stößt diese auf und kommt zu dem am Vorraumgitter

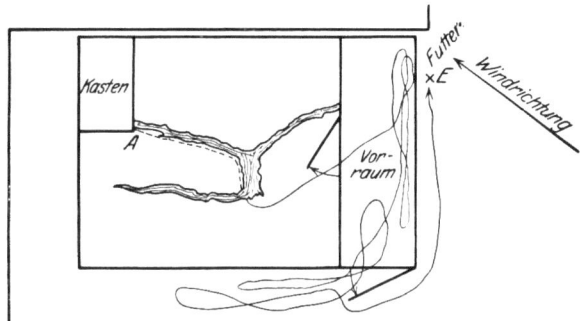

Abb. 9. Komplizierter Umwegversuch.

befindlichen Beobachter, der ihm ein Stück Fleisch vorhält (siehe Abb. 9). *I*. läuft nur einige Male am Gitter hin und her, begibt sich dann zur Vorraumtür, öffnet diese, läuft zunächst nach rechts in das ihm vertrautere Gelände, kommt zurück und macht nach einigem Hin- und Herlaufen an der Außentür die richtige Linkswendung, die ihn zu dem sich die ganze Zeit über lautlos verhaltenden Beobachter führt. Die Windrichtung ist in der Abbildung angegeben.

2. Versuchsanordnung wie vorher, nur wird die äußere Tür diesmal bis zum rechten Winkel geöffnet und bildet so eine Verlängerung der Schmalseite und damit des vom Beobachter wegführenden Umwegabschnittes. Der Umweg wird ohne Zögern genommen.

3. Eine festgefügte, etwa 2 m lange und 80 cm breite Bretterwand wird an die vollständig geöffnete Außentür so herangelegt, daß eine Verlängerung der Schmalseite des Käfigs entsteht. Diesmal wird der Umweg erst auf ein erneutes Locken durch Pfeifen genommen. Bei unmittelbar darauf erfolgter Wiederholung kann einheitlicher Verlauf konstatiert werden.

4. Beobachter begibt sich an die andere Schmalseite des Käfigs (Abb. 10), beide Türen sind wiederum entriegelt, aber nicht geöffnet. *I.*, der sich im Käfig befindet, wird zum Beobachter hingelockt, der sich dann regungslos verhält. Jetzt läuft das Tier zwar sofort zum Vorraum, wendet sich aber, nachdem es diesen verlassen hat, nach *links* und läuft dorthin, wo es vorher Futter bekam.

Nachdem es dreimal von einem dort postierten Wärter zurückgescheucht ist, läuft es wieder in den Käfig und wieder hinaus, um sich dann richtig nach *rechts* zu wenden, bis es zum Beobachter kommt. Bei einer Wiederholung verläuft der Versuch mit eben dem einheitlichen und guten Ergebnis wie die vorigen Wiederholungsversuche. (Orientierung auf der eigenen Spur?)

5. Auch dieser Versuch wurde durch Zwischenstellen der Bretterwand kompliziert. Nun erfolgt die Lösung zwar zögernd, aber ohne daß Hilfen nötig sind.

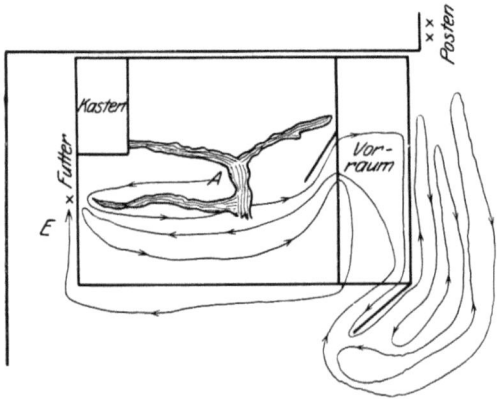

Abb. 10. Komplizierter Umwegversuch.

Die Leistungen des Iltis im Umwegversuch sind also im allgemeinen recht gute. Die besonders guten Verläufe der Wiederholungsversuche beruhen zweifellos zum Teil auf den sehr starken kinästhetischen Empfindungen, die ich bei dem Tier (vgl. S. 318) beobachten konnte. Bei Umwegen in vertikaler Richtung war *I.* übrigens dem Marder recht sehr unterlegen, wofür die Gründe oben bereits angegeben sind.

b) Versuche über optische Orientierung.

1. Helligkeitsdressur bei alternativer Wahl.

Der vorzeitige Verlust des Steinmarders hatte, namentlich hinsichtlich des mir so wichtigen Problems des Farbensehens, noch manche Frage offen gelassen. So lag mir viel daran, durch Versuche mit dem Iltis zunächst einmal — wenigstens für diese Tierart[1] — zu genaueren Ergebnissen zu kommen. Nun hatte die beim Steinmarder begonnene Blau-Rot-Dressur (bei alternativer Wahl) schon eine Schwierigkeit ergeben: Die immer wieder hervortretende Neigung des Tieres, Ort, nicht Farbe, als Kriterium anzusehen. Ich hoffte, durch Anwendung stärkerer optischer Reize eine Erleichterung des optischen Teiles dieser Aufgabe und damit eine rasche Beseitigung des ortsbedingten Wählens erreichen zu können. Daher nahm ich Schwarz und Weiß als Dressur„farben", Weiß wurde positiv. *I.* sollte also vorerst an *rein* optische Orientierung gewöhnt wer-

---

[1] Noch genauer wäre: für dieses Tier. Da ich es aber für außerordentlich unwahrscheinlich halte, daß mein Iltis in Bezug auf das allgemein so konstant erscheinende Merkmal des Farbensehens außerhalb der normalen, artgemäßen Variationsbreite stand, glaube ich den Geltungsbereich der Befunde von *grundsätzlicher* Bedeutung ohne weiteres auf die ganze Art ausdehnen zu dürfen.

den und daraufhin würden dann, so meinte ich, echte Farbversuche möglich sein.

Es wurden je zwei der oben beschriebenen Töpfe mit Nr. 17 (Weiß) und 18 (Schwarz) der HERINGschen Farbpapierreihe umkleidet — je *zwei*, um schnell und häufig wechseln zu können. Während ein Schwarz-Weiß-Paar beim Versuch Aufstellung im Vorraum fand, stand das andere in bequemer Reichweite außerhalb des Käfigs; meist wurden nach jeweils fünf Versuchen die Topfpaare ausgetauscht, eine weitgehende, in dieser Form vielleicht sogar unnötige Vorsichtsmaßregel zur Vermeidung olfaktorischer Fehlerquellen. Fleisch lag stets unter Weiß, im übrigen war die Methode dieselbe wie bei der Ortsdressur des Marders. Ich begnüge mich, aus dem Protokoll nur die Ergebnisse einiger wichtiger Versuchstage wiederzugeben:

1. Versuchstag, 14. IV.

a) Weiß links: b) Weiß rechts:
+ + ⎧läuft aber jedes Mal erst nach links
+ + ⎨und versucht Schwarz umzustoßen,
+   ⎩was zufällig nicht gelingt.
+
+
+
+
+
+ ⎫
+ ⎭ Gruppe nach rechts verschoben.

6. Versuchstag, 19. IV.

a) Weiß rechts: b) Weiß links: c) Weiß rechts:
+   —   —
+   +   +
+   +
d) Weiß links: e) Weiß rechts:
—   —
+

Diese Ergebnisse und ebenso die nicht wiedergegebenen des 2., 3., 4. und 5. Versuchstages zeigen eigentlich nur, daß eine *ausgezeichnete Ortsorientierung* bestand; davon, daß das Tier sich irgendwie nach „Schwarz" oder „Weiß" richtete, ist wenig zu bemerken. Nur ein Umstand spricht dafür, daß gelegentlich doch Anfänge einer helligkeitsbedingten Wahl vorhanden sind: Die jeweils erste Wahl eines Versuchstages, bei der Ortsorientierung noch nicht in Frage kam, bezog sich auf den (richtigen) weißen Topf. Diese Erscheinung veranlaßte mich, die Methode dahin abzuändern, daß ich gelegentlich vor einer Ortsvertauschung der beiden Töpfe eine Pause von 5—10 Minuten einschob. Diese Zeitspanne genügte dann meist, um ein Abklingen der kinästhetischen Residuen zu bewirken, und die Folge war notwendigerweise eine Wahl nach Helligkeit. Das Protokoll des 10. Versuchstages mag dieses veranschaulichen.

10. Versuchstag, 24. IV.

a) Weiß links:
  +

b) Weiß rechts:
  —
  +

c) Weiß links:
  + (nach vorangegangener Pause)

d) Weiß rechts:
  + (nach vorangegangener Pause)

e) Weiß links:
  + (nach vorangegangener Pause)

f) Weiß rechts:
  —

g) Weiß links:
  —
  + (nach vorangegangener Pause)

h) Weiß rechts:
  +

i) Weiß links:
  +

j) Weiß rechts:
  +

k) Weiß links:
  +

Leider hielt die Bevorzugung des Helligkeitskriteriums, die sich in diesen Resultaten zeigt, nicht an. Schon am nächsten Tage wählte *I.* Schwarz : Weiß = 6 : 6. Am darauffolgenden (12.) Versuchstage verlief sogar die erste Wahl negativ und auch eingelegte Pausen konnten nicht verhindern, daß fast ausnahmslos nach dem Ort (rechts) gewählt wurde. Noch einen Tag später überwogen dann die Fehlwahlen diejenigen des richtigen Topfes, so daß ich mich — nach insgesamt rund 180 Versuchen — genötigt sah, diese *Dressur wegen Erfolglosigkeit aufzugeben*.

(Was das Einlegen von Pausen angeht, so möchte ich noch bemerken, daß ich auch hier Schwierigkeiten hatte. Der Iltis benutzte sie dazu, das bereits erhaltene Fleisch aufzufressen und war dann unlustig. War die Pause lang gewesen, so war er häufig nur mehr mit großer Mühe an die Versuchsordnung heranzubringen, war sie kurz, so genügte sie oft nicht, ihn von ortsbedingter Wahl abzuhalten. Endlich brauchte ich auch eine Methode, die mir unter möglichster Ausschließung der Hauptfehlerquelle der ortsbedingten Wahl eine größere Anzahl einwandfreier Ergebnisse in kürzerer Zeit lieferte.)

Wie stark selbst nach diesen Versuchen die *Ortstendenz* noch war, geht aus folgendem deutlich hervor: Nach Abbruch der Dressur begann ich, um das Tier an Ortswechsel zu gewöhnen, mit dem weißen Topf allein zu arbeiten, der bald links, bald rechts im Vorraum aufgestellt wurde. Dabei beobachtete ich häufig, daß das Tier den Topf, außer beim jeweils ersten Versuch, gar nicht beachtete, sondern einfach auf die Stelle zulief, wo dieser vorher gestanden hatte und nun nichts stand! Sein eifriges Schnüffeln an dieser Stelle ließ erkennen, daß hier allerdings olfaktorische Einflüsse mitspielten; die Stelle, wo das Fleisch vorher unter dem Topf auf dem Boden gelegen hatte, wird Geruchsspuren bewahrt haben. Daß *I.* den optisch sehr wirksamen weißen Topf gesehen haben muß, kann keinem Zweifel unterliegen, zumal ich in der Dämmerung arbeitete und das Weiß förmlich hervorleuchtete. Wie aus der letztgeschilderten Versuchsreihe hervorgeht, waren es dort natürlich keinesfalls olfaktorische Reize, die die Ortsbeständigkeit bedingten oder auch nur förderten. Später habe ich oftmals auch durchintensivste olfaktorische Verleitspuren den Iltis nicht von ortsbedingter Wahl abhalten können (siehe unten S. 321).

2. Ortsdressuren.

Die Feststellung derartig stark wirksamer kinästhetischer Empfindungen bewog mich, die Leistungen des Iltis bei einer *komplizierten Ortsdressur* zu untersuchen, bevor ich mit dem Tier an dem Problem des Farbensehens weiter arbeitete. Der Ausgangspunkt dieser Untersuchung war, mit einer geringfügigen Änderung, die seinerzeit dem Steinmarder gestellte Aufgabe, von fünf in einer Reihe aufgestellten Töpfen den zweiten (in diesem Falle den *zweiten von rechts*) wählen zu lernen. Erschwert wurde die Aufgabe dadurch, daß schon vom 2. Versuchstage an die Reihe nicht nur in der bisher geübten Weise gegenüber der Innentür an der Schmalseite des Käfigs im Vorraum aufgestellt wurde, sondern dem Tier in fünf verschiedenen Stellungen (siehe Abb. 11), die häufig miteinander wechselten, dargeboten wurde. Ich bezeichne diese Aufstellungsweisen mit Bezug auf

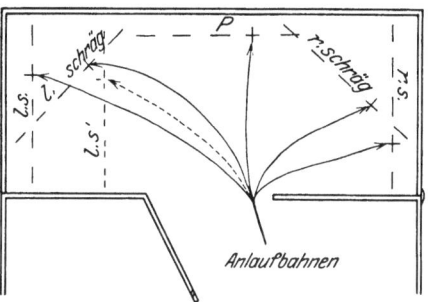

Abb. 11. Komplizierte Ortsdressur.

ihre Lage zur Schmalseite des Käfigs als ,,rechts-senkrecht" (r. s.), ,,rechts-schräg" (r. schräg), ,,Parallelstellung" (P), ,,links-schräg" (l. schräg) und ,,links-senkrecht" (l. s.). Zur Dressur wurden nicht mehr die bisher verwandten Tontöpfe benutzt, sondern eine Serie zylindrischer Milchglasgefäße von etwa 12 cm Höhe und 6 cm Durchmesser. Auf Grund ihrer zylindrischen Gestalt waren diese Gefäße für das Tier leichter umzuwerfen, was im Interesse eines ungestörten Versuchsverlaufes lag. Das Fehlen eines Bodenloches und das glatte Material, aus dem sie gefertigt waren, garantierten eine noch zuverlässigere Geruchsisolierung als bisher.

Gleich der erste Tag ergab ein Überwiegen der auf Anhieb richtigen Wahlen, ebenso der zweite. An diesem Tage wurde die Reihe das erstemal in der Aufstellung l. schräg gegeben, das Resultat war ein +. Am 4. Tage (20. V.) wurde mit l. schräg begonnen (+, +, +) und dann r. schräg aufgestellt (— — +, +, +, — +). Bei r. s.-Aufstellung verliefen die Wahlen — — — +, +, +. Die l. s.-Stellung ergab, erstmalig auftretend (9. Versuchstag, 28. V.), ein +.

Mit diesen fünf Stellungen wurde dann vom 9. Versuchstage an geübt, bis nach 422 Versuchen, die sich auf 36 Tage verteilten, die Aufgabe völlig einwandfrei gelernt war: *I.* wählte am 35. Versuchstage 20mal hintereinander bei 10 verschiedenen Aufstellungen richtig. 6 von diesen 20 Wahlen erfolgten, *ohne daß Futter* unter dem +-Topf lag, also im *Kontrollversuch.* Am 36. Versuchstage (8. VII.) hatte ich folgendes Ergebnis:

r. schräg:	P:	l. schräg:	r. s.:	l. s.:
+	+	+	+	+

Alle Versuche an diesem Tage waren Kontrollversuche.

So hat der Iltis gelernt, von fünf in gleichfalls fünf verschiedenen Stellungen aufgebauten Töpfen immer den jeweils zweiten von rechts aufzusuchen. Das olfaktorische Moment ist, wie bei der entsprechenden Dressur beim Steinmarder, methodisch so weitgehend wie möglich ausgeschlossen und durch eine große Anzahl von Kontrollversuchen als nicht beteiligt erkannt worden. Die Erlernung der Aufgabe mußte demnach auf Grund von *optischen und kinästhetischen Reizen* zustande gekommen sein. Im Verlaufe der Dressur war es sehr auffallend, daß das Tier der P-Stellung gegenüber bis zum 35. Versuchstage häufig versagte, häufiger als bei jeder der anderen Aufstellungen; aber auch die Schräg- und die Senkrechtstellungen wurden nicht etwa gleichgut gelernt, wie unten ausführlich dargestellt ist.

Nachstehende Tabelle stellt für jede der fünf Aufstellungsweisen die Anzahl der bis zur Erlernung (vergleiche Versuchsergebnisse des 35. und 36. Tages) notwendigen Versuche und der dabei gemachten Fehler dar. Der Einfachheit halber wurde jede nicht sogleich richtige Wahl als Fehler gerechnet, graduelle Unterschiede der Fehlwahlen also nicht berücksichtigt. Unter „Erlernung" sei hier der Zeitpunkt verstanden, an dem die *Gesamtdressur* festsaß.

	r. s.	r. schräg	P	l. schräg	l. s.
Gesamtzahl der Wahlen	35	84	176	82	44
Davon Fehlwahlen . .	4	14	72	15	12
In Prozent	11,4%	16,7%	40,9%	19,0%	27,5%

Zweierlei ergibt sich aus dieser Tabelle sehr deutlich: Das schlechte Lernen in der P-Situation, das gute bei der r. s.-Stellung, und es sind zwei Faktoren, auf die ich diese Verschiedenheit zurückführen möchte: die Krümmung und die Länge der Anlaufbahn. Wenn wir annehmen, daß eine kurze stark gekrümmte Anlaufbahn mehr und deutlichere kinästhetische Residuen erzeugt als eine gerade verlaufende längere, so erklärt sich die bessere Leistung bei der r. s.-Stellung nicht nur P, sondern auch allen übrigen Aufstellungen gegenüber meines Erachtens genügend. Aber auch die (geringeren) Unterschiede im Erlernen der übrigen Dressuren finden so ihre Erklärung. Man vergleiche die in Abb. 11 dargestellten Orte, an denen jeweils der +-Topf stand und die dort eingezeichneten durchschnittlichen Anlaufbahnen.

Sinnesphysiologische und psychologische Untersuchungen an Musteliden. 321

Die zwar im Sinne dieser Annahme liegende, aber doch rein zahlenmäßig etwas abseits stehende Prozentziffer für l. s. (man hätte vielleicht 20% bis 25% erwartet) führe ich darauf zurück, daß ich bei dieser Aufstellung am häufigsten von der in Abb. 11 dargestellten Normalstellung abwich, wodurch nicht nur die kinästhetische, sondern auch die optische Orientierung beeinträchtigt wurde. Überhaupt hat es vielleicht den Anschein, als ob das Optische in meiner Darstellung etwas zu kurz gekommen sei; es kann natürlich keinem Zweifel unterliegen, daß vor jedem Versuch die Situation von dem Iltis primär *optisch* erfaßt sein mußte. Daß auch später die optische Orientierung nicht ohne Bedeutung war, zeigen die guten Leistungen des Tieres neu auftretenden Stellungen gegenüber (je einmal + auf Anhieb!). Auch bei seitlichen Verschiebungen der P-Stellung (siehe S. 306) und bei hier nicht näher geschilderten, weitergehenden Veränderungen der Reihe (Aufstellung in Halbkreis-, Winkelform u. a. m.) hatte ich gute Ergebnisse.

So kommen wir zu folgendem Resultat:

Optische Vorgänge bildeten die Voraussetzung, auf optische Vorgänge gründeten sich auch die Höchstleistungen im Dressurverlauf; kinästhetische Empfindungen förderten in hohem Maße den eigentlichen Lernvorgang und gaben ihm sein spezifisches Gepräge.

Die *Gliederung* im einzelnen verlief, wie einige Parallelversuche zeigten, wohl ähnlich wie beim Steinmarder.

Es sei an dieser Stelle noch eine mehr nebenbei gemachte Beobachtung nachgetragen. Wenn *I.* ein paarmal hintereinander den richtigen Topf in stets der gleichen Situation gewählt hatte, legte ich mitunter eine olfaktorische Verleitspur dergestalt, daß ich durch eine Fleischschleppe und reichlich ausgeträufelten Fleischsaft die mutmaßliche Anlaufbahn kreuzte und diese Schleppe bis zu einem dem +-Topf benachbarten oder einem anderen −-Topf hinführte, der obendrein leicht mit Fleischsaft eingerieben wurde. Trotzdem wählte dann der Iltis in der Regel positiv, also ortsbedingt, nur wenn die Verleitspur zu einem Nachbartopf des +-Topfes führte, die Richtungsänderung der Anlaufbahn demnach nicht sehr bedeutend war, wurde der olfaktorisch wirksamere ,,Verleittopf" häufiger gewählt. Die Intensität und Bedeutung des Kinästhetischen für den Iltis (einen Makrosmatiker!) dürfte durch diese Beobachtung überzeugend zum Ausdruck kommen.

3. Helligkeitsdressur bei multipler Wahl.

Nach der Ortsdressur, die zeigte, daß immerhin eine nicht ganz schlechte optische Orientierung vorhanden ist, war es mir nun besonders wichtig, endlich dem Problem des Farbensehens auf die Spur zu kommen. Außer den angegebenen Gründen hatte zum Scheitern der ersten Schwarz-Weißdressur wohl noch der Umstand beigetragen, daß bei alternativer Wahl der Anreiz zu einer Erlernung des richtigen Topfes nicht stark genug war, da nur eine Fehlwahl möglich, die Verzögerung bis zum Auffinden des Futters und damit die ,,Strafwirkung" zu klein war. Ich erinnere an das auf S. 301 in ähnlichem Zusmmenhange Gesagte. Fräulein Dr. HERTZ verdanke ich den Rat, die Zahl der Minus- (in diesem Falle schwarzen) Töpfe zu erhöhen. Nicht nur wurde die Strafe hierdurch unter Umständen verstärkt — die ganze Situation wurde durch die eigentümlichen Kontrastverhältnisse für das Tier verdeutlicht: Der Kontrast eines einzigen weißen Topfes *einem* schwarzen gegenüber läßt jenen bei weitem nicht in jenem Maße auffällig erscheinen, wie das der Fall ist, wenn er als einziger einer größeren Anzahl schwarzer gegenübersteht. Außerdem ist mit dieser Methode noch ein großer Vorteil verbunden. In allen vorangehenden Dressuren kam, wie oft gesagt, deutlich zum Ausdruck, daß für den Iltis der *Ort* das primäre, optische Kriterium ist [1]. Es mußte nun darauf ankommen, bei dieser Schwarz-Weißdressur die Entstehung eines gänzlich anderen, sicherlich ungewohnten, ja unbiologischen Kriteriums (weiß) mit allen Mitteln zu erzwingen; das setzt aber zunächst einmal eine restlose Zerstörung aller Tendenzen voraus, die auf eine Heranziehung des alten Ortskriteriums abzielen. Bei alternativer Wahl mögen nun die Versuchstöpfe aufgestellt sein wie sie wollen — wenn das Tier sich hingefunden hat, besteht für es doch wieder die alte Rechts-Links-Beziehung, also ein Ortskriterium, das auf die relative Stellung der Töpfe zueinander zurückgeht. Es wird dann, und die mißglückte Versuchsreihe hat mir in drastischer Weise den Beweis dafür geliefert, immer wieder nach dem Ort, in dem Falle also nach „rechts" oder „links" zu wählen versucht, je nach der vorausgegangenen Stellung. Daß dennoch in engen Grenzen ein gewisses Lernen erreicht wurde, ist oben gezeigt worden: Der erste Versuch jedes Tages, der erste auch nach einer eingelegten Pause verlief in der Mehrzahl der Fälle positiv. Dann aber

---

[1] Verfasser hat sich bemüht, auch für den Menschen die Bedeutung des Ortskriteriums ungefähr zu bestimmen; allerdings war sowohl die Zahl der untersuchten Personen als auch die der Versuche zu klein, um daraus mit Sicherheit weitergehende Schlüsse zu ziehen. Immerhin seien die Ergebnisse kurz mitgeteilt.
Material: 20 Personen beiderlei Geschlechts im Alter von 13 bis etwa 30 Jahren, 17 davon Studenten und Studentinnen des Zoologischen Instituts der Universität Berlin. Aufgabe: Schwarz-Weißdressur bei alternativer Wahl. Ergebnis: Nach Fortfall der jeweils ersten Wahl, die dem Zufall überlassen blieb, und der oder der beiden letzten Wahlen, die auf Grund der Dressurwirkung zustandegekommen waren, blieben insgesamt 71 Wahlen übrig. Von diesen erfolgten 27 einwandfrei ortsbedingt, 21 einwandfrei helligkeitsbedingt; die restlichen 23 beruhten auf anderen, komplizierteren Motiven (Abwechslung und dergleichen) oder waren kausal nicht sicher zu bestimmen.
Im Anschluß an diese Untersuchung mag noch erwähnt sein, daß bei einem gleichfalls vorgenommenen Vergleich des menschlichen Verhaltens in einer Ortsdressur mit fünf Töpfen (siehe Steinmarder) die längste Lerndauer 5, die kürzeste 1 Versuch betrug.
Bei diesen Versuchen unterstützte mich Herr Dr. HERTER, dem ich auch das untersuchte Studentenmaterial verdanke, in weitestem Maße. Ihm sei an dieser Stelle noch einmal für Mühe und Zeitopfer allerherzlichst gedankt.

setzte Ortsorientierung ein und die Anzahl der positiven Wahlen kam über eine gewisse Prozentzahl nie heraus.

Bei multipler Wahl dagegen ist von vornherein mit einer Gliederung in „rechts" und „links" nicht viel erreicht; es muß, das zeigten besonders deutlich die Steinmarderversuche, eine weitergehende Gliederung hinzukommen. Wendet man die multiple Wahlmethode nun so an, daß nicht nur der Ort des +-Topfes, sondern die ganze Reihe in unzähligen verschiedenen Kombinationen dauernd wechselt, geht man gar von der Reihenaufstellung selbst ab, so wird die Rechts-Links-Gliederung und damit die Ortsorientierung, so gründlich unmöglich gemacht, daß, wenn überhaupt ein anderes Kriterium für das Tier in Frage kommt, dieses nun einsetzen muß. Die folgende Tabelle zeigt, daß das der Fall war, daß also Orientierung nur nach der Helligkeit erzwungen wurde (Zahl der Töpfe und Art der Berechnung wie bei der Ortsdressur des Steinmarders).

1. Tag (15. VII.)	2. Tag (16. VII.)	3. Tag (17. VII.)	4. Tag (18. VII.)
76%	79%	78%	88%
5. Tag (19. VII.)	6. Tag (20. VII.)	7. Tag (21. VII.)	8. Tag (22. VII.)
86%	93%	94%	93%
9. Tag (23. VII.)	10. Tag (24. VII.)	11. Tag (25. VII.)	12. Tag (26. VII.)
90%	99%	96%	94%
13. Tag (27. VII.)	14. Tag (28. VII.)	15. Tag (29. VII.)	16. Tag (30. VII.)
95%	100%	99%	91%
			(mit Glastöpfen)
17. Tag (31. VII.)	18. Tag (2. VIII.)	19. Tag (4. VIII.)	
100%	89%	92%	
(aber nur 5 Versuche)		(10 Versuche)	

Innerhalb von weniger als 14 Versuchstagen war also die Aufgabe gelernt und damit die erste Vorbedingung für eine Farbdressur erfüllt.

Während an den übrigen Tagen die schwarzen und weißen Papiere als Manschetten über die Milchglastöpfe gestülpt waren, verwandte ich am 16. Versuchstage gewöhnlich durchsichtige Wassergläser von schwach konischer Form ($^6/_{20}$ l), in die, kegelstumpfartig gerollt, die Papiere hineingeschoben wurden, so daß sie die Innenbekleidung der Gläser bildeten. Es wurde auf diese Weise der immerhin möglichen Auffassung begegnet, als habe der Iltis sich bei seinen Wahlen nach der vielleicht vorhandenen olfaktorischen Verschiedenheit der benutzten Papiere gerichtet; die an diesem Tage erreichten 91% zeigen, daß (wenigstens an diesem Tage) die Orientierung nur nach optischen „Gesichtspunkten" genügend sicher war. — Die Zahl der täglichen Versuche betrug im allgemeinen 20, die wiedergegebenen Prozentzahlen können also rein rechnerisch für recht genau gelten (vgl. S. 310, Fußnote). Zahlreiche *Kontrollversuche*, bei denen das Futter dem Tier nach dem Umstoßen des weißen Topfes rasch mit der Hand gereicht wurde, bestätigten immer wieder die Brauchbarkeit der olfaktorischen Isolierung.

4. Farbdressuren (vgl. hierzu: 3, 12, 13, 15, 16, 17).

Nach 12tägiger Pause begann ich die nächste Versuchsreihe, eine Rot-Blau-Dressur; zunächst schien eine Spontanreaktion erwünscht, da die hierbei bevorzugte Farbe positiv für die geplante Dressur werden sollte. Die Spontanreaktion ging auf Blau — 12 Tage nach dem letzten Schwarz-Weiß-Versuch wurde also noch die hellere der beiden Farben gewählt. So wurde Blau die positive, Rot die negative Dressurfarbe. Die Methode war bis auf die Vorversuche (siehe unten) der vorher verwandten gleich, mit der einen Ausnahme, daß von Anfang an die Farbpapiere in die nunmehr ausschließlich benutzten Wassergläser hineingeschoben wurden.

Ich begann diese Versuchsreihe mit einem sich über 4 Tage erstreckenden *Vorversuch*, bei dem mit nur zwei Töpfen (also alternativ) gearbeitet wurde. Am 1. Tage erzielte ich 80%, am 2. 73%, am 3. 54% und am 4. 65% richtiger Wahlen. Blau-Wahlen an zweiter, gleich letzter Stelle werden bei der alternativen Methode von mir nicht berücksichtigt. Dieser Vorversuch zeigt also, daß auch jetzt eine Anwendung dieser Methode sich nicht empfahl. So begann ich — am 3. IX. — wieder mit der *multiplen Wahlmethode* zu arbeiten und gebe die Ergebnisse nachstehend in Tabellenform wieder. Der Kürze halber sind je zwei, als letzte Gruppe sogar vier Versuchstage zusammengefaßt, da ich zu dieser Zeit täglich nur eine geringe Anzahl von Blau-Rot-Versuchen machte. Die Zahl der Versuche je Gruppe beträgt 25—60. Die Prozentziffern sind auf ganze Zahlen abgerundet.

1.	2.	3.	4.	5.	6.
92%	83%	75%	78%	89%	85%
7.	8.	9.	10.	11.	12.
75%	83%	91%	85%	90%	94%

Die schlechten Ergebnisse der 7. Gruppe hatten mich bewogen, für ganz kurze Zeit noch einmal auf die alte Schwarz-Weiß-Dressur zurückzugreifen (5 Versuche). Als nächste Serie folgten gleichfalls 5 Versuche, bei denen vier schwarze und ein blauer Topf gegeben wurden, und schließlich wieder die Dressurkombination Rot-Blau. In allen drei Serien wurden mit erstaunlicher Übereinstimmung 92% geleistet und von da an trat eine wesentliche und bleibende Besserung in den Ergebnissen ein.

Nachdem so auf dem Wege über die multiple Wahlmethode I. Blau zu wählen gelernt hatte, griff ich noch einmal auf die alternative Methode zurück, um zu sehen, ob nun nicht die verlangte Unterscheidung geleistet werde. Hier die Resultate:

Rot : Blau	Rot : Blau	Rot : Blau	Rot : Blau
wie 2 : 8 (7. X.)	wie 6 : 11 (10. X.)	wie 0 : 5 (19. X.)	wie 0 : 5 (25. X.)
„ 1 : 9 (8. X.)	„ 5 : 10 (12. X.)	„ 0 : 5 (23. X.)	„ 0 : 5 (26. X.)
„ 5 : 10 (9. X.)	„ 2 : 13 (13. X.)	„ 0 : 5 (24. X.)	„ 0 : 5 (6. XI.)

Auf drei Faktoren aus dem Bereich des Optischen konnte die erzielte Beherrschung der Aufgabe, die ich dem Iltis gestellt hatte, beruhen: Einmal auf dem durch das zahlenmäßige Verhältnis 4 : 1 begründeten Kontrast schlechthin, also auf dem einfachen „Anderssein" (in Bezug auf Farbe und Helligkeit) des einen gegenüber den vier anderen Töpfen. Zum zweiten war eine Unterscheidung der relativen Helligkeiten [1] — zugunsten der größeren Helligkeit — und schließlich drittens eine Unterscheidung auch der reinen Farbqualitäten denkbar. Diese drei Möglichkeiten mußten also geprüft werden.

Was den Kontrast schlechthin betrifft, so liegt der Beweis zur Ausschaltung dieser Möglichkeit schon vor in Gestalt der letzten Tabelle; Blau wurde jetzt auch in alternativer Wahl sehr deutlich bevorzugt. Zum Überfluß wurde noch in einer Serie von 20 Versuchen das zahlenmäßige Verhältnis der beiden Farben umgekehrt, so daß jetzt das Rot in der Einzahl, Blau in der Vierzahl gegeben wurde. Hierbei wählte *I.* unter 20 Versuchen:

10mal Rot an letzter Stelle oder gar nicht,   0mal Rot an zweiter Stelle,
4mal „ „ vorletzter Stelle,   2mal „ „ erster Stelle.
4mal „ „ dritter Stelle,

In einem dieser beiden letzten Fälle war übrigens der rote Topf so aufgestellt, daß er an für den Iltis örtlich zu bevorzugender Stelle stand; es ist außerdem zu berücksichtigen, daß etwa vom 15. Versuche ab das Tier sehr unlustig wurde, nur mit längeren Pausen an die Versuchsanordnung heranging und ziemlich planlos die Töpfe umstieß. Bei allen diesen Versuchen lag kein Fleisch unter den Töpfen, sondern es wurde aus der Hand gefüttert, entweder, wenn sämtliche Töpfe bzw. die vier blauen umgestoßen waren oder aber wenn der rote Topf gewählt war; daher mag man für die letzten Versuche dieser Reihe (meist Rotwahl an dritter bis vierter Stelle) an die Wirkung einer beginnenden Umdressur denken, die sich hier zunächst in einer Störung der bisherigen Blaureaktion zeigte. So bedarf es keiner weiteren Worte, um darzutun, daß der einfache Kontrast zu einer Erklärung des Lernvorganges nicht ausreicht.

Wenn nun die zweite Möglichkeit, die Verknüpfung „Hell-Futter" (bzw. „Dunkel-kein Futter"), als zutreffend sich herausstellen sollte, so mußte *I.* vor allem eine Vertauschung des Dressurblaus (HERING Nr. 12) mit einer etwa gleichhellen Farbe oder einem etwa gleichhellen Grau hinnehmen, ohne daß die Genauigkeit der Reaktion beeinträchtigt wurde; dagegen mußte ein Ersatz der roten Töpfe durch graue von etwa der Helligkeit des blauen das Tier vor eine unlösbare Aufgabe stellen.

---

[1] Eine Orientierung nach der *absoluten* Helligkeit setzt beim Iltis, wenn sie überhaupt erfolgt, meines Erachtens unter allen Umständen eine Beherrschung der relativen Beziehungen voraus (siehe S. 327).

Bei einer Aufstellung von Rot zu Grün (HERING Nr. 2: Nr. 7) wie 4 : 1 ergaben 20 Versuche 91% zugunsten von Grün — eine Rot-Blaureihe von 10 Versuchen hatte unmittelbar vorher 92% ergeben. Eine genauere Übereinstimmung war schlechterdings nicht zu verlangen, zumal wenn man bedenkt, daß bei nur 10 Versuchen, d. h. 50 Reaktionsmöglichkeiten, die errechnete Prozentzahl nur eine durch 2 teilbare Zahl ergeben kann, also etwas ungenau ist. Die lichten Graus Nr. 5 und 6 ergaben, an Stelle des Dressurblaus verwandt, eine gleichgute positive Reaktion. Diese gleichen Graupapiere, negativ verwandt, bewirkten ein Zurückgehen der Blauwahlen auf 60% als Durchschnitt zweier Serien zu je 5 Versuchen. Das Verhältnis Blau: Grün (Nr. 7) wie 4 : 1 ergab als Durchschnitt dreier Versuchsreihen zu insgesamt 20 Versuchen 55%. Bei Verwendung von nur zwei Töpfen erzielte ich:

Rot : Grau
wie 0 : 8
,, 6 : 3
,, 2 : 3
,, 8 : 24

Hierbei sind in der zweiten wie in der dritten Serie Fälle, wo vorübergehende Ortsorientierungen mehr als wahrscheinlich schienen, voll mitgezählt worden. Blau: Grün (Nr. 7) wurde in alternativer Wahl wie 24: 18 (also etwa 57% Blauwahlen) gewählt.

Es war ferner wichtig zu erfahren, wie *I.* sich einer Situation gegenüber verhalten würde, in der das bisher stets hellere, also positive Blau, als die dunklere zweier gegebener Helligkeiten erscheinen würde. Ich gab zu alternativer Wahl Blau mit Nr. 1 der Grauserie zusammen. Unmittelbar vorher hatte *I.* in 5 Rot-Blauversuchen fünfmal richtig Blau gewählt. Die Ergebnisse waren

Blau : Weiß
wie 2 : 8
,, 4 : 6
,, 3 : 7
= 9 : 21

Also ein klarer Beweis für die *Wahl nach relativer Helligkeit*. Die gänzlich neu auftretende Farbenkombination Schwarz und Orange Nr. 3 ergab in 160 Versuchen 63% Orangewahlen; das an sich wohl ziemlich dunkel gesehene Orange wurde dem Schwarz gegenüber also immerhin noch bevorzugt.

Somit ist eine Wahl nach relativen Helligkeiten, unter Bevorzugung der größeren Helligkeit, einwandfrei festgestellt. Durch das geschilderte *Verwechseln von Blau mit Grün* ist die letzte Möglichkeit, die Orientierung nach Farbqualitäten, natürlich ausgeschaltet.

Verfasser glaubt aus dem beschriebenen Verhalten im Farbdressurversuch

für den Iltis eine weitgehende Farbenschwäche, wenn nicht partielle oder totale Farbenblindheit erschließen zu dürfen.

Durch eine genaue Untersuchung der Retina, die ich aus Zeit- und Materialmangel bisher noch nicht habe durchführen können, wäre die Möglichkeit gegeben, die mittels der experimentellen Methode wahrscheinlich gemachte Farbenblindheit der Musteliden auch morphologisch zu prüfen (vgl. hierzu 10). Ich hoffe, diese Arbeit in absehbarer Zeit vornehmen zu können.

Da *I.* im Verlauf der letzten Dressur bei einer Positivverschiebung der Dressurmodalitäten *relativ gewählt* hatte (eine Negativverschiebung war ja, da das Rot sehr dunkel gesehen wurde, auch bei einer Kombination Schwarz-Rot nicht möglich, man denke an die schon wenig guten Leistungen bei der Schwarz-Orangewahl), untersuchte ich sein Verhalten bei einer ortsbedingten alternativen Wahl unter dem Gesichtspunkte „absolut" oder „relativ" (siehe auch 6; 2). *Sowohl bei positiver wie bei negativer Verschiebung wurde in allen Fällen relativ gewählt.*

D. Zusammenfassung.

1. Ein junger männlicher Steinmarder lernte in kurzer Zeit das Öffnen einer Schiebetür. Vor die Aufgabe gestellt, einen diese Tür verschließenden Riegel zu drehen, versagte er. Auch eine sekundäre Lösung, die auf dem Wege über eine Passivdressur angestrebt wurde, erfolgte nicht, ebensowenig wurde eine optische Orientierung auf Grund der Riegelstellung beobachtet.

2. Kleine Umwege in horizontaler und vertikaler Richtung wurden gut, in primärer Bewältigung der Aufgabe, genommen.

3. Eine einfache Ortsdressur (auf einen der Ecktöpfe einer dargebotenen Reihe von vier gleichen Töpfen) wurde unter Benutzung olfaktorischer Hilfen in kurzer Zeit zu dem gewünschten Erfolg gebracht. Eine kompliziertere Ortsdressur (Wahl des zweiten Topfes von links aus einer Reihe von fünf gleichen Töpfen) führte, bei strenger Vermeidung olfaktorischer Orientierungsmöglichkeiten, erst nach einer größeren Anzahl (etwa 220) Versuchen zum Ziele. Die Erlernung erfolgte auf Grund kinästhetischer, vor allem aber optischer Reize. Der Vorgang der optischen Gliederung der Reihe konnte genau festgestellt werden.

4. Ein mehrjähriger Iltisrüde wurde hinsichtlich der sich aus allgemeinen anatomischen und biologischen Unterschieden ergebenden Eigenheiten im psychischen Verhalten beobachtet und untersucht. Es ergaben sich bei einem Vergleich mit dem Steinmarder eine Reihe wichtiger artspezifischer Differenzen, die sich zumeist auf den Unterschied Bodentier-Klettertier zurückführen ließen.

5. Auch der Iltis lernte das Öffnen einer Schiebetür. Im horizontalen Umwegversuch wurden recht gute primäre, vor allem aber auch sekundäre Lösungen festgestellt. Auf Grund der sekundären Lösungen wird eine starke Entwicklung des kinästhetischen Sinnes angenommen.

6. Eine Helligkeitsdressur bei alternativer Wahl scheiterte an der Unmöglichkeit, die — hauptsächlich auf der Intensität der kinästhetischen Empfindungen beruhenden — Tendenzen einer ortsbedingten Wahl auszuschalten.

7. Eine multiple Ortsdressur, der des Steinmarders entsprechend, gelang, obwohl durch Hinzunahme von insgesamt vier neuen Aufstellungsarten die Aufgabe für den Iltis nicht unbedeutend erschwert wurde. Die große Bedeutung des Ortskriteriums für das Tier wurde im Verlaufe dieser Versuche besonders deutlich und konnte exakt nachgewiesen werden.

8. Eine Helligkeitsdressur bei multipler Wahl gelang. Ebenso konnte bei einer Rot-Blaudressur Blauwahl erreicht werden.

9. Im Anschluß an die vorhergehende Dressur kam Blauwahl nunmehr auch bei Anwendung der Alternativmethode zustande.

10. Es konnte gezeigt werden, daß die in 8 und 9 dargestellten Resultate auf Grund einer helligkeits-, nicht farb-bedingten Orientierung zustande kamen. Farb- und Graupapiere, die dem zur Dressur verwandten HERINGschen Blau Nr. 12 helligkeitsverwandt waren, wurden mit diesem verwechselt. Dieser Befund läßt den Schluß auf das Vorhandensein einer Farbenschwäche oder Farbenblindheit zu.

11. Es wurde festgestellt, daß der Iltis sowohl in orts- als auch in helligkeitsbedingter Wahl sich nach relativen Kriterien richtete.

Literaturverzeichnis.

1. **Bierens de Haan, I. A.:** Versuche über das Sehen der Affen. Z. vergl. Physiol. 5, 4. — 2. Über Wahl nach relativen und absoluten Merkmalen. Ebenda 7, 3. — 3. **v. Frisch, K.:** Der Farbensinn und der Formensinn der Biene. Zool. Jb. 35 (1914). — 4. **Heinroth, O.:** Zahme und scheue Vögel. Naturforscher 1 (1924). — 5. **Heinroth, Dr. O. u. Frau M.:** Die Vögel Mitteleuropas. Berlin-Lichterfelde: Hugo Bermühler. — 6. **Herter, K.:** Dressurversuche an Fischen. Z. vergl. Physiol. 10, 4. — 7. **Hertz, M.:** Beobachtungen an gefangenen Rabenvögeln. Psychol. Forschg 8, 3/4. — 8. Weitere Versuche an der Rabenkrähe. Ebenda 10, 2/4. — 9. Wahrnehmungspsychologische Untersuchungen am Eichelhäher. I u. II. Z. vergl. Physiol. 7, 1, 2. — 10. **Hesse, R.:** Dämmerungstiere. In: Handb. d. norm. u. pathol. Physiol. 12. Berlin: Julius Springer. — 11. **Kafka, G.:** Tierpsychologie. In: Handb. d. vergl. Psychol. 1, 1. München: Ernst Reinhardt 1922. — 12. **Koehler, O.:** Über das Farbensehen von *Daphnia magna* STRAUS. Z. vergl. Physiol. 1, 1/2. — 13. **Koller, G.:** Versuche über den Farbensinn der Eupaguriden. Ebenda 8, 2. — 14. **Köhler, W.:** Intelligenzprüfungen an Menschenaffen. Berlin: Julius Springer 1921. — 15. **Kühn, A.:** Über den Farbensinn der Bienen. Z. vergl. Physiol. 5, 4. — 16. **Schlieper, C.:** Farbensinn der Tiere und optomotorische Reaktionen. Ebenda 6, 3/4. — 17. Über die Helligkeitsverteilung im Spektrum bei verschiedenen Insekten. Ebenda 8, 2. — 18. **Yerkes, R. M.:** The behavior of the crow. J. anim. Behav. — 19. **Zimmermann, K.:** Hermelin im Zimmer. Pelztierzucht 4, 1 (1928).

Lebenslauf

Der Autor vorliegender Inaugural-Dissertation Detlev Müller wurde am 14. Mai 1907 als Sohn des Landgerichtsrates Dr. Otto Müller und seiner Ehefrau Dorothea, geb. Bardt, zu Berlin geboren. Er trat nach privater Vorbereitung im Oktober 1916 in die Sexta des Mommsengymnasiums der Stadt Charlottenburg ein und bestand im Jahre 1925 an der gleichen Schule die Reifeprüfung. In Berlin, Tübingen und wiederum Berlin studierte er Zoologie und Anthropologie, beteiligte sich auch an anatomischen und psychologischen Übungen. Seine akademischen Lehrer waren vor allem die Professoren Harms, Hesse, Zimmer, Fischer und Köhler, die Privatdozenten Herter, Marcus und Weinert und der Lektor Dr. Pfungst. Die Anregung zu der vorliegenden Arbeit verdankt der Verfasser Herrn Privatdozenten Dr. Herter. Am 6. Februar 1930 bestand er die Promotionsprüfung cum laude und erhielt am 24. Juni das Abgangszeugnis.

If you have any concerns about our products,
you can contact us on
ProductSafety@springernature.com

In case Publisher is established outside the EU,
the EU authorized representative is:
**Springer Nature Customer Service Center GmbH
Europaplatz 3, 69115 Heidelberg, Germany**

Printed by Libri Plureos GmbH
in Hamburg, Germany